人工智能技术及多智能体控制探究

曹若琛 著

化学工业出版社
·北京·

U0887805

内容简介

随着人工智能技术的快速发展，多智能体系统作为其重要分支，逐渐成为研究热点。多智能体系统通过多个智能体的协同工作，能够解决复杂环境下的任务分配、路径规划、资源优化等问题。本书系统介绍了人工智能核心技术及其在多智能体系统中的应用。内容涵盖人工智能的发展、核心技术解析，以及多智能体系统的原理、学习与进化、协同控制等，展示了多智能体系统在智能城市、交通等领域的广泛应用。

本书内容丰富，理论与实践相结合，适合人工智能领域的研究者、工程师及对此感兴趣的读者阅读。

图书在版编目（CIP）数据

人工智能技术及多智能体控制探究/曹若琛著.
北京：化学工业出版社，2025.12. -- ISBN 978-7-122-49100-8

Ⅰ. TP18

中国国家版本馆 CIP 数据核字第 20252QF443 号

责任编辑：王帅菲　周　红　　装帧设计：韩　飞
责任校对：李　爽

出版发行：化学工业出版社（北京市东城区青年湖南街 13 号　邮政编码 100011）
印　　装：北京云浩印刷有限责任公司
710mm×1000mm　1/16　印张 12　字数 209 千字
2025 年 11 月北京第 1 版第 1 次印刷

购书咨询：010-64518888　　售后服务：010-64518899
网　　址：http://www.cip.com.cn
凡购买本书，如有缺损质量问题，本社销售中心负责调换。

定　　价：89.00 元

版权所有　违者必究

前言

在当今数字化浪潮汹涌澎湃的时代，人工智能技术正以不可阻挡之势重塑着世界的各个角落，从日常生活的细微之处到宏大复杂的产业格局，其影响力无处不在。与此同时，多智能体控制作为人工智能领域极具潜力的研究方向，逐渐崭露头角，为解决复杂系统问题提供了全新视角与方法。本书聚焦于人工智能技术及多智能体控制的深度探究，旨在系统梳理相关理论知识，剖析前沿技术，展望未来发展趋势，为科研工作者、工程技术人才以及对该领域怀有浓厚兴趣的读者搭建一座知识的桥梁。

随着大数据时代的来临，数据量呈爆炸式增长，信息的复杂性与多样性对传统处理方式提出了严峻挑战。人工智能凭借其强大的数据处理、模式识别与自主学习能力，成为应对这一挑战的关键利器。从智能语音助手的贴心服务到图像识别技术在安防、医疗等领域的精准应用，人工智能已深度融入人类生活与社会发展进程。而在众多复杂任务场景中，单一智能体往往难以满足需求，多智能体系统的协同合作应运而生。例如，在智能交通系统中，多个智能体协同调控交通信号、优化车辆路径规划；在智能工厂里，不同智能体负责生产调度、质量监控与设备维护等任务，实现高效、智能的生产运作。

本书立足于人工智能技术与多智能体控制的前沿领域，系统梳理该领域的基础理论、核心算法与应用实践。第一章从人工智能的发展脉络入手，深入解析其概念内涵、学术流派演进及技术发展轨迹，为后续研究奠定认知框架。第二章聚焦人工智能核心技术体系，系统阐释知识表示、推理机制、机器学习等关键技术原理，揭示智能系统认知决策的内在机理。第三章转向多智能体系统基本原理，剖析智能体个体特性与群体协作规律，探讨分布式人工智能系统的构建范式。第四章围绕多智能体学习进化机制展开研究，重点解析强化学习、进化算法在路径规划、系统优化等场景中的应用路径。第五章聚焦多智能体协同控制难题，提出分布式决策、任务分配、冲突消解等关键技术解决方案，并构建实验验证平台。第六章展望技术发展趋势，深入探讨多智能体在智能城市、智能交通等领域的创新应用模式，勾勒未来人机协同社会的发展图景。

本书旨在为人工智能领域的研究者、工程师及产业实践者提供系统性知识图谱与实践指南。通过理论推导、算法解析与案例实证相结合的方式，既展现人工智能技术的科学严谨性，又突出多智能体系统的工程实用性。期待通过本书的出版，能够推动人工智能基础理论研究与关键技术研发的深度融合，促进多智能体技术在重点行业的创新应用，为构建智能化、网络化、协同化的新型社会形态贡献学术智慧。同时，人工智能技术的健康发展需要科技界、产业界与社会各界的共同努力，期待与各界同仁携手探索技术伦理边界，构建负责任的创新生态，使人工智能真正造福人类社会。

著　者

目录

第一章

人工智能基础与概览

作为模拟、延伸和扩展人类智能的前沿科学，人工智能融合了计算机科学、神经科学、语言学、心理学等多学科的理论与方法，不仅在学术研究中展现出强大的生命力，也在社会生活的各个层面广泛应用，推动产业升级与社会变革。本章阐述人工智能的基本概念、发展历程、研究目标及主要学术流派，进一步探讨人工智能的典型应用方向，为后续章节的深入学习奠定理论基础。

第一节　人工智能的定义与发展

一、人工智能的定义

人工智能作为跨学科的研究领域，旨在通过模拟和实现人类智能行为，推动计算机系统在认知、推理、学习和自我优化等方面的能力发展。人工智能的核心目标是使机器能够完成通常需要人类智能的任务，如感知、决策、理解、问题解决等。其定义在学术界并未有统一的标准，但普遍认可的观点是，人工智能是研究如何使机器具备类似人类的感知、思维与行动能力的学科。人工智能不仅仅关乎计算机硬件或软件的开发，更涉及知识表示、推理机制、学习算法以及智能决策等多个维度。

人工智能的研究可以划分为不同的子领域，其中包括机器学习、自然语言处理、计算机视觉、智能控制等。机器学习作为人工智能的核心技术之一，关注如何使计算机通过数据的学习而非依赖明确编程进行决策，从而赋予机器一定的自适应能力。自然语言处理研究机器如何理解和生成自然语言，以实现人与机器之间的无缝交流。计算机视觉使机器具备理解视觉信息的能力，处理图像和视频数据，进而做出智能判断。智能控制则涉及自动化控制系统的优化，使系统能够在动态环境中保持高效运行。

人工智能的能力涵盖从符号化推理到统计学习的多个层面，体现了多种学科的交叉融合。符号主义是其中一种早期的重要理论，强调通过符号的逻辑操作来模拟智能行为。随着计算能力的提升，联结主义通过模拟大脑神经网络的工作方式，推动了神经网络及深度学习等技术的快速发展。行为主义则侧重于研究机器如何在动态环境中根据反馈进行调整和优化，体现了控制论的应用。

二、人工智能的起源与发展

（一）人工智能的起源

人工智能的起源可以追溯至 19 世纪，随着数学、逻辑学、控制论、信息论、仿生学、计算机科学和心理学等学科的不断发展，人工智能逐渐形成了其理论基础和实践框架。数理逻辑的起步为人工智能提供了重要的理论支持，尤其是布尔的符号逻辑，它首次为思维活动的基本推理法则提供了符号化描述。这一理论的提出不仅为后来的计算机科学奠定了基础，也为理解人类思维的机制提供了理论模型。布尔代数的创立进一步推动了逻辑运算与符号处理的结合，成为人工智能中计算过程的重要理论支柱。与此同时，控制论和信息论的发展为人工智能的系统设计和信息处理提供了新的视角。控制论的提出使得对系统自我调节和反馈机制的理解成为可能，进而影响了人工智能中自适应学习和智能决策的理论构建。信息论的出现则为人工智能系统中的数据处理与传输提供了量化分析的工具，它强调信息的编码、传输与解码过程，为后来的机器学习和模式识别技术的发展提供了方法论基础。

人工神经网络的初步构思是人工智能研究的重要里程碑。1943 年提出的 M-P 神经网络模型，奠定了模拟人脑神经元结构和功能的基础，为人工神经网络的后续发展提供了理论框架。该模型通过简化的神经元模型探索了信息处理的并行性和联结性，为理解智能系统的运作提供了新的思路，并为后来的深度学习技术发展提供了启示。

随着这些学科的逐步发展，人工智能的理论框架逐渐成形，并在 20 世纪中期迎来了标志性的进展。1956 年，达特茅斯会议上首次提出“人工智能”这一术语，标志着人工智能作为一个独立的学科正式诞生。该会议集结了多位科学家，他们共同探讨了机器模拟人类智能的可能性，并为后续的人工智能研究指明了方向。此时，人工智能不再仅仅是一个哲学或理论问题，而是成为了一个切实可行的技术领域，开启了以计算机为核心的智能系统的研究与开发。

（二）人工智能的发展

人工智能的发展历程可大致划分为五个阶段，即萌芽阶段、诞生阶段、低谷萧条阶段、黄金阶段和平稳发展阶段。这一进程展示了人工智能从初步探索到逐步成熟的演变过程。每一阶段都在技术、理论和应用层面取得了显著进展，推动了人工智能领域的不断拓展与深化。

1. 萌芽阶段

人工智能的萌芽阶段可以追溯到20世纪50年代，这一时期是人工智能思想的初步形成和理论构建的关键时期。20世纪50年代，世界上首台神经网络计算机的出现，标志着人工智能领域的起步。与此同时，《计算机器与智能(Computing Machinery and Intelligence)》一文的问世，系统阐述了机器思维的可能性，并提出了图灵测试作为检验机器是否具备智能的标准[1]。这些理论构想和技术实现的结合，深刻影响了人工智能作为学科的基础和发展路径，为后来的技术创新和学术研究奠定了坚实的基础。此阶段的理论突破和技术探索，促使人工智能的研究逐步从理论讨论向实际应用延伸。数学和计算机科学的交叉融合，使得早期的人工智能研究具有强大的理论支持。尤其是机器定理证明、跳棋程序等早期成果，不仅证明了机器可以在特定条件下模拟人类的认知过程，还为后来智能系统的研发提供了可参考的思路和框架。与此同时，随着通用问题求解程序和表处理语言等技术的相继问世，人工智能的应用领域和发展潜力得到了进一步的拓展。

尽管在这一阶段，人工智能的实际应用范围和技术成熟度相对有限，但通过一系列突破性成果的累积，人工智能研究逐渐形成了独立的学科体系，并为日后的快速发展提供了理论依据和技术保障。

2. 诞生阶段

人工智能的诞生阶段标志着该领域从理论探索向实际应用迈出了重要一步。1956年，在美国达特茅斯大学的一个学术会议上，首次明确提出了“人工智能”这一术语，确立了其作为学科的基础框架，并推动了该领域研究方向

---

[1] 刘丽. 人工智能原理及应用［M］. 北京：北京邮电大学出版社，2023：5.

的形成。此时，人工智能的初步任务集中在博弈、翻译以及定理证明等问题的研究上，这些问题的解决不仅为人工智能技术的应用提供了早期实例，也为之后的技术创新奠定了理论基础。在这一时期，人工智能的研究成果呈现出多样化的发展态势。计算机程序被用来模拟人类思维，进而实现定理证明的自动化，标志着人工智能在认知模拟和智能化推理方面的初步探索。此外，编程语言的创新也成为该阶段的重要成就之一，其中 Lisp 语言的开发便为人工智能研究提供了强有力的编程工具，并逐步成为该领域的标准语言之一。与此同时，机器学习的概念开始出现，计算机程序不仅能够执行预定任务，还能通过自身经验不断优化决策过程，这一思想为后续人工智能的快速发展提供了理论依据。

到了 20 世纪 60 年代，人工智能进入了快速发展期，新的编程语言和技术相继问世。在这一过程中，启发式问题解决方案的提出，使得人工智能在处理复杂问题时具备了更高的灵活性和有效性。特别是在自然语言处理方面，人工智能逐渐展现出其在理解和生成语言方面的潜力，为之后的技术突破和应用创新奠定了基础。

3. 低谷萧条阶段

在 20 世纪 60 年代末至 20 世纪 70 年代初期，人工智能的发展进入了一个低谷期。尽管这一时期科学家们在深层探索人工智能的过程中取得了一定进展，却面临着一系列亟待解决的技术难题，导致人工智能的研究和应用陷入停滞。计算机硬件性能的不足是制约人工智能研究的关键因素之一。尽管人工智能的理论框架已初步建立，但现有的计算机无法满足处理复杂任务所需的计算能力，许多潜在的人工智能应用无法实现，导致研究成果难以转化为实际应用。问题的复杂性使得人工智能程序在面对更为复杂和多维的问题时显得力不从心。早期的人工智能程序主要针对特定问题进行设计，在面对较为简单且明确的任务时能够表现出一定的能力。然而，随着问题的维度和复杂度增加，原有的程序架构无法有效处理，导致智能系统的应对能力显著下降。这一挑战凸显了人工智能技术在应对开放性、动态性问题时的局限性，限制了其进一步发展的潜力。

数据量的匮乏也是该阶段人工智能发展的一个关键障碍。人工智能，特别是机器学习的核心在于数据驱动，而当时的数据量远远不足以支持深度学习和智能化应用的实现。缺乏足够的数据库，使得机器无法从中提取足够的特征和模式进行学习，这限制了智能系统的自我优化能力，导致人工智能技术在许多领域未能展现出预期的效果。

4. 黄金阶段

1980 年至 1987 年间，人工智能进入了一个黄金发展阶段。这一时期，随着理论研究的深入和计算机技术的飞速进步，人工智能的研究得到了重新启动，尤其是在英美等国家，政府和科研机构纷纷加大了对该领域的投资。计算机硬件和软件的迅速发展为人工智能的应用提供了更加坚实的基础，同时，也促进了人工智能技术在多个行业的应用拓展和产业化。在这一阶段，专家系统的设计和应用成为人工智能领域的重要突破。专家系统是一种基于知识库和推理机相结合的系统，为人工智能提供了一种结构化的解决方案，使得系统能够模拟专家在特定领域的决策过程。通过集成专业的知识和经验，专家系统不仅具备了较高的智能水平，还能够在多个专业领域内提供高效的决策支持。这一技术的发展不仅推动了学术界的研究进程，也引发了商业化的浪潮。

硬件和软件领域的公司在这一阶段蓬勃发展，多个与人工智能相关的技术公司相继成立。这些公司专注于为人工智能研究提供硬件和软件支持，进一步推动了人工智能技术的产业化进程。尤其是在专家系统领域的应用，带动了人工智能产业的快速发展。

这一黄金阶段的出现，不仅推动了人工智能技术的广泛应用，还使得这一领域的商业化进程取得了显著进展。随着技术的成熟和市场需求的增长，人工智能逐渐从学术研究走向实际应用，成为各行各业中的关键技术之一。

5. 平稳发展阶段

自 20 世纪 90 年代中期以来，人工智能，尤其是神经网络技术的稳步进展，使这一领域进入了平稳发展的阶段。学术界对人工智能的认识趋于理性，研究中更加注重实际应用和技术可行性，同时对其潜力与局限性有了更加全面的理解。此时，人工智能技术不仅在理论研究上取得了持续的进展，而且在实际应用中逐步实现了突破，尤其是在深度学习和神经网络领域，技术的提升使得人工智能逐渐向更广泛的应用领域扩展。这一阶段的标志性事件之一是计算机系统在国际象棋领域的胜利，象征着人工智能在解决复杂任务上的巨大潜力，进一步引发了社会对人工智能技术的广泛关注。同时，随着深度学习的出现，尤其是神经网络在图像处理、语音识别等领域的突破，人工智能的发展进入了新的阶段，机器开始在某些领域展现出超越人类的表现。这一技术进步不仅为学术界带来了新的研究方向，也为工业界和商业界带来了巨大的影响。

在技术方向上，人工智能的研究逐步向大型分布式系统、多智能体协同系统、并行推理等领域发展。这些新兴技术的提出，为复杂问题的解决提供了更多的可能性，也推动了人工智能应用场景的扩展。与此同时，启发式搜索、机器学习等方法的提出和完善，使得人工智在处理动态、不确定和复杂问题时具备了更强的能力。

随着技术的不断成熟，人工智能已经开始引领新的商业革命，互联网巨头和初创公司纷纷投入大量资源，推动人工智能产品的开发和市场应用。随着公众接受度的提高和技术的不断优化，人工智能的未来前景被广泛看好，并有望在未来引领人类进入一个更加智能化的时代。

第二节　人工智能的研究目标与学术流派

一、人工智能的研究目标

人工智能的研究是一个多维度、多层次的系统性任务，涵盖了从基础理论的探索到技术应用的实现，旨在为计算机赋予类人智能。整体而言，人工智能的研究目标不仅仅是使机器具备处理信息的能力，更重要的是赋予机器以包括感知、思考、学习、决策和创造等的综合能力。这一目标的实现，要求突破目前的技术瓶颈，整合跨学科的研究成果，并逐步推动理论、技术和应用的发展。

1. 人工智能的基础目标：赋机器以智能

人工智能的核心目标是使计算机能够模仿人类智能的各个方面，包括感知、理解、推理和创造等高级认知功能。人工智能的基础目标是让计算机拥有视觉、听觉、语言理解等感知能力，并具备通过联想、推理和学习来解决问题的能力。这一目标的实现，不仅仅是计算机在数值计算上的进步，更是在语言、图像识别、推理决策等多个领域的跨越性突破。人工智能研究的最终愿景，是让机器拥有类似于人类的学习能力，可以在不断变化的环境中自主适应，并具备从数据中发现规律、从经验中学习和创新的能力。

为实现其基础目标，人工智能必须依托多个学科的协同发展。这些学科包括计算机科学、脑科学、认知科学、控制理论以及微电子学等，这些领域的发展共同推动着智能机器的诞生。虽然当前的科技水平尚未达到实现完全智能机器的阶段，但通过不断深化跨学科的合作和技术创新，人工智能的实现路径已经逐步清晰。

2. 人工智能的近期目标：逐步实现智能化的计算机系统

人工智能的近期目标是通过现有技术的创新和优化，逐步赋予计算机更强的计算能力。当前，人工智能的研究更多侧重于实现特定领域内的智能机器，这包括专家系统、机器翻译、语音识别、图像处理以及机器人技术等。通过模拟部分人类智能行为，计算机可以在特定任务上超越传统的计算机技术，表现出一定的智能化特征。近期目标的实现，要求研究者不断优化现有计算机系统，使其能够更有效地处理数据，解决实际问题，并在某些领域达到或接近人类水平。例如，专家系统能够通过大量知识库的储备和推理机制，模拟专家的决策过程；机器翻译系统则依赖于语言学模型和深度学习技术，在不同语言之间进行高效翻译。这些技术和系统虽然在某些方面尚无法完全替代人类智能，但它们为未来智能机器的构建提供了宝贵的经验和理论支持。

3. 人工智能的远期目标：实现完全智能机器

人工智能的远期目标是实现完全智能的计算机系统，使其能够模拟甚至超越人类在各个领域的认知和创造能力。这一目标要求计算机不仅能执行当前计算机无法完成的复杂任务，还能够在全新的环境中灵活应对，具备从环境中自动获取和应用知识的能力。长期来看，人工智能的远期目标是创造出可以自主思考和决策的智能机器，这些机器不仅具备自主学习和改进的能力，还能够在人类无法预见的复杂场景中做出合理的决策。

远期目标的实现虽然具有极大的挑战性，但也为目前的研究提供了方向。当前的研究虽然还处于探索阶段，但通过对当前技术的不断完善和跨学科领域的持续突破，人工智能将逐步走向一个能够广泛应用于社会各个领域、在智能化水平上接近甚至超越人类的阶段。

4. 近期与远期目标的关系：相辅相成

人工智能的近期目标与远期目标之间并无明确界限，它们是相辅相成、渐进发展的。随着研究的不断深入，近期目标会随着技术的成熟逐渐演进，向远期目标靠近。实际应用中的突破和技术进步将为未来更加智能化的系统奠定坚实的基础。可以说，近期目标的实现不仅为人工智能的发展提供了宝贵的经验和技术积累，同时也为远期目标的达成提供了理论和方法上的准备。

随着人工智能的持续发展，尽管目前的技术和理论仍面临诸多挑战，但可以预见，随着时间的推移，人工智能将在更多领域展现出其巨大的潜力，并推动人类社会的发展和变革。因此，人工智能的研究目标是一个逐步推进、不断深化的过程，从初步的智能化探索到最终实现完全智能系统，人工智能的研究将不断开辟新的科技领域和社会应用场景。

总而言之，人工智能的研究目标是一个动态且复杂的系统工程，其实现路径涵盖从基础理论到应用技术的全方位发展。通过持续的跨学科协作与技术创新，人工智能的目标不仅将在近期逐步实现，也将为未来的智能社会奠定坚实的基础。

二、人工智能的学术流派

随着人工神经网络的再度兴起，人工智能的研究形成了相对独立的三大学术流派，即符号主义、联结主义和行为主义。从其他角度来看，人工智能的学术流派还有另外的划分方法，如传统人工智能学派与现场人工智能学派、强人工智能学派与弱人工智能学派。

（一）符号主义、联结主义与行为主义

根据人工智能研究途径的不同，人工智能被分为以下三大学术流派。

1. 符号主义学派

符号主义学派，又称心理学派或逻辑学派，是人工智能研究中最早兴起的主要学派之一。该学派的研究方法主要基于心理模拟与符号推演，其核心观点认为人类对客观世界的认知是以符号为基本单元的，而认知过程本质上是一个符号处理过程。因此，人工智能的实现路径可以通过模拟人类心理层面的思维活动，即“心理模拟，符号推演”，以智能行为的心理模型为基础，将问题或知识构建成某种逻辑网络，并通过符号演算的方式模拟人脑的逻辑推理过程，从而实现人工智能。采用这种方法的理论依据主要体现在以下几个方面。

① 人类思维的可意识层面具有显式表达性。人脑在心理层面上所进行的思维活动，如记忆、联想、推理、计算与思考等，均为可意识到的心理过程。这些过程可以通过语言和符号进行清晰表达，因此具备以逻辑形式进行建模的可能性。

② 多学科的理论支持为符号主义提供了坚实基础。心理学、逻辑学与语言学等学科，均以人类的心理活动为研究基础。这些学科中大量成熟的理论和方法可以为人工智能的研究提供参考或直接应用，增强了符号主义方法的理论可行性与实践价值。

③ 符号表示与处理在数字计算机上具有高度可实现性。数字计算机擅长对语言符号型知识进行形式化表示和程序化处理，因而为符号主义方法的落地提供了强大的技术支撑。

④ 显式知识的直接应用增强了系统智能水平。符号主义方法能够直接调用人类已有的显性知识资源，包括理论性知识与经验性知识，从而构建起以知识为核心的智能系统，提升人工智能系统的表现力与解释能力。

在人工智能发展初期，符号推演法被广泛应用于多个关键领域，并取得了诸多突破性成果，如自动推理、定理证明、问题求解、机器博弈及专家系统等。由于该方法模拟了人类大脑的逻辑思维模式，擅长运用显式知识与逻辑推理解决问题，因此在实现推理、决策等高阶认知功能方面具有显著优势，成为推动人工智能理论发展的重要路径之一。

2. 联结主义学派

联结主义学派，又称生理学派，是人工智能研究中以生物神经系统为启发的主要学术流派之一。该学派的基本研究方法是“生理模拟，神经计算”，即从人脑的微观结构及其生理工作机制出发，尝试以人工神经网络为基础构建模拟系统，通过数值计算的方式再现神经元之间的联结与信息传递过程，从而实现某种程度上的人工智能。在这一学派的理论框架中，人工神经网络被视为信息与知识的载体，模拟了生物神经系统中神经元之间的联结关系。所谓神经计算，是指在此类网络中通过对连接权值的动态调整，实现对外界刺激的感知、记忆、联想、识别乃至简单推理等功能。这种方式所体现的是一种自组织、自适应的学习机制，不依赖于显式的知识表示和逻辑推理，而是通过训练与学习在网络内部形成对输入模式的识别与响应。

联结主义学派具有自身的显著优势：一方面，神经网络本身具有高度的并行分布性，每个神经元作为处理单元可同时进行信息处理，从而提高了系统运行效率；另一方面，神经网络展现出良好的鲁棒性与容错性，即使部分神经元或连接出现损坏，系统整体仍可保持较为稳定的运行状态。这种特性使其在图像识别、语音处理等低级感知任务中表现尤为突出，较为擅长模拟人类形象思维所涉及的功能。

然而，联结主义也面临一定的理论与技术瓶颈。由于人脑神经系统是一个动态、开放且高度复杂的巨系统，其数十亿神经元之间的结构与信息处理机制尚未被科学界完全揭示，因此现有神经网络模型仅能对人脑进行局部性或近似性的模拟。目前的生理模拟更多集中在浅层网络结构和简单功能的实现上，与真正意义上的人脑功能尚存在较大差距。此外，由于联结主义缺乏对显式知识的处理能力，因此在处理需要明确逻辑推理或系统规则支持的任务上，存在一定局限性。

尽管如此，随着深度学习等新一代神经网络技术的迅猛发展，联结主义在近年来取得了显著进展，其应用领域不断扩展，理论模型日益复杂化，成为推动现代人工智能发展的中坚力量之一。

3. 行为主义学派

行为主义学派，也被称为进化主义或控制论学派，是人工智能研究中的又一重要理论分支。该学派以控制论的“感知-动作”模型为理论基础，主张从智能体与外部环境之间的交互行为出发，研究智能的产生与演化机制。行为主义认为，智能并非源于对知识的显式表示和逻辑推理，智能行为是通过与环境的不断互动，在感知信息与行为响应之间建立动态联系，从而逐步形成的适应性行为。

行为主义学派的核心研究方法是模拟人类及动物在现实世界中通过感知、反馈与控制体现出的智能活动。研究对象不仅限于单一行为，而且涵盖了一系列具备生物学意义的智能特性，如反应能力、环境适应性、自主学习能力以及目标导向的优化行为等。这种方法强调“行为先于认知”的理念，认为只有在实际环境中具备适应性行为的系统，才具备生成更高层次智能的潜力。该学派的研究成果主要体现在行为智能系统和嵌入式智能体（如仿生机器人、自动驾驶系统、自主导航无人机等）的设计与实现上。通过传感器获取环境信息，经由决策模块对信息进行处理，再通过执行器完成行为输出。行为主义建立起一套完整的感知-决策-行动闭环系统，强调系统的整体性与实时性。与符号主义的静态知识推理不同，行为主义更注重系统在动态环境中的实时反馈调节能力与自主行为生成机制。

（二）传统人工智能与现场人工智能

人工智能的发展路径大致可分为两大方向：传统人工智能与现场人工智能。

1. 传统人工智能

传统人工智能强调智能体对环境的深刻理解与推理能力，认为智能体的行为应建立在对环境的建模和深思熟虑的决策基础之上。为此，传统人工智能系统通常依赖强大的传感与计算设备，以支持复杂的环境建模与最优决策的生成。该学派普遍采用“环境建模-规划-控制”的纵向体系结构，强调从感知、分析到执行的系统性流程。

2. 现场人工智能

与传统人工智能不同，现场人工智能更关注智能体与环境的实时交互性。它认为，智能体的行为更多体现为一种反射式响应，而非深思熟虑的推理结果。现场人工智能强调：智能体需要一方面从环境中快速获取信息，另一方面通过即时动作影响环境。该学派采用的是“感知-动作”的横向体系结构，主张系统应具备即时响应能力，以适应动态多变的现实环境。

（三）弱人工智能与强人工智能

在人工智能的发展历程中，研究者基于对“程序化计算机是否具备真正智能”的不同理解，将人工智能划分为弱人工智能和强人工智能两大流派。

1. 弱人工智能

弱人工智能持工具主义立场，认为计算机程序仅是用于模拟和解释人类思维过程的工具，而不具备真正的智能。它强调，机器的智能仅限于程序设定的范围内，无法脱离人类的控制自主推理或做出创造性的判断。弱人工智能所表现出的智能行为，是人类预设程序的结果，程序运行是在封闭环境中完成的，其知识是有限的，行为目标也是程序性而非自主性的。因此，即使随着技术进步，其知识处理能力和运算速度得到显著提升，这种“智能”的本质依旧只是对人类劳动的辅助与延伸。弱人工智能极大地减轻了人类在重复性任务中的负担，提升了效率，同时因其可控性强，被认为在实际应用中更为安全可靠。

2. 强人工智能

强人工智能则持实在论立场，认为计算机程序不仅可以模拟智能，更有可能拥有真正的智能乃至自我意识。该学派主张，未来可以制造出具备感知、理解、推理和自主决策能力的智能机器，甚至使其拥有类人的自我认知能力。在此基础上，强人工智能又进一步分为类人型和非类人型两种类型：前者主张机器的思维方式与人类类似，后者则认为机器可能发展出完全不同于人类的意识和推理模式。强人工智能不仅是对人类智能的模仿，更是对创造一种全新的智能存在体的尝试，具有理论上的广阔前景。然而，它也引发了诸如技术失控、伦理界限模糊等一系列深刻的问题，因此在推进强人工智能研究的同时，也必须加强对其潜在风险的关注与治理。

第三节　人工智能的应用方向

一、智能系统与行业应用方向

1. 智能决策支持系统

智能决策支持系统（IDSS）是在传统决策支持系统（DSS）中增加相应的智能部件的决策支持系统，是决策支持系统与人工智能，特别是专家系统相结合的产物。它综合运用决策支持系统在定量模型求解与分析方面的优势以及人工智能在定性分析与不确定性推理方面的特长，利用人类在问题求解中的知识，通过人机对话的方式，为解决半结构化和非结构化问题提供了决策支持。

智能决策支持系统通常包括数据库系统、模型库系统、方法库系统、知识库系统与人机接口系统五大部分。其中，数据库系统作为系统的信息基础，承担着存储与管理结构化数据的功能；模型库系统为决策问题提供各种数量化分析工具，如预测模型、优化模型等；方法库系统集成了多种决策算法与策略方法，用以支持不同情境下的求解需求；知识库系统则模拟人类专家的思维与推理过程，是整个系统的智能核心；而人机接口系统则提供良好的人机交互环境，使决策者能够高效、直观地与系统进行沟通与操作。

在功能特性方面，智能决策支持系统具有集成度高、模块化强、可扩展性好等优点。系统可通过规则驱动的知识表达方式实现推理逻辑的透明化，便于用户理解与应用；其高度模块化的结构也使得各组成部分能够灵活组合、独立更新，既降低了系统开发与维护的成本，又增强了技术迭代的便捷性。此外，系统具有很强的开放性，可快速对接最新的人工智能技术，如机器学习算法、数据挖掘工具等，从而不断拓展其在实际决策场景中的适用能力。

在实际应用中，智能决策支持系统已广泛服务于金融、医疗、交通、能源、教育、政务等多个领域。例如，在金融风控中，其可对客户行为模式进行智能识别，辅助信贷审批与风险预警；在医疗诊疗中，其可结合历史病案与临床知识，为医生提供智能辅助诊断建议；在能源调度与智能电网中，其可在多重不确定条件下优化资源配置，提高运行效率与安全性。

智能决策支持系统具有如下特点。

① 基于成熟的技术体系，便于构建可行性强的应用系统。智能决策支持系统以数据库技术、模型分析、知识工程以及人机交互技术为基础，借助专家

系统、机器学习、模糊推理等人工智能工具进行扩展，其构建依托于较为成熟的信息技术生态系统。这使得开发人员可以在已有的技术框架内快速搭建并部署系统原型，降低了技术实现的门槛，提高了系统建设的可行性与实施效率。

② 充分整合并利用多层次的信息资源，增强系统的数据支撑能力。智能决策支持系统能够从结构化、半结构化乃至非结构化的数据源中提取、整合并处理信息，实现信息的多维感知与深层次挖掘。系统不仅调用内部数据库和外部信息平台的数据资源，还能引入实时动态信息与专家知识，实现对复杂环境信息的全面掌握和综合利用，从而提升决策过程的准确性与实时性。

③ 采用基于规则的知识表达方式，提升系统的可理解性与用户友好性。在智能推理模块中，系统广泛使用规则驱动型的知识表达方式（如“if-then”形式），使得系统的推理路径和判断依据清晰可见。这种方式不仅便于系统开发者进行知识的获取与管理，也使得非专业用户能够更直观地理解系统的工作逻辑，从而增强了系统在实际操作中的易用性和透明度。

④ 具备高度的模块化设计特性，模块重用性强，显著降低开发与维护成本。IDSS采用面向模块化的系统架构，将数据库、模型库、知识库、人机界面等功能组件解耦为独立的子系统。这种架构不仅便于系统的功能扩展与结构调整，还使得各模块可以被不同项目复用，从而大幅降低了开发周期与经济成本，也为系统的快速部署与后期迭代更新提供了良好的技术保障。

⑤ 系统内部各组成部分之间的组合灵活，可实现功能集成化与个性化并重，具备良好的可维护性与扩展性。智能决策支持系统通过灵活的接口设计与通信协议，实现了系统内部各模块之间的高效耦合与协同运行。开发者可以根据不同的应用需求，对系统功能进行定制化配置，以满足不同行业与场景的多样化需求。同时，由于各模块间高度独立，系统的维护过程可以针对性地对单一模块进行优化或替换，避免对整个系统造成冲击。

2. 智能电网

智能电网是以传统物理电网为基础，融合现代先进技术构建而成的新一代电力系统。中国的智能电网以特高压电网为骨干，各电压等级协调发展，形成结构坚强、运行灵活的电网体系。在此基础上，通过集成先进的传感测量技术、通信技术、信息技术、计算机技术、控制技术和人工智能技术，智能电网实现了电力系统从“可控”向“自感知、自决策、自恢复”的智能演进。

智能电网的核心目标是全面提升电网对电力用户的服务能力，包括实现能源供需的实时匹配、提升资源配置效率、增强系统的安全性和抗风险能力、促进清洁能源的接入与消纳，进而推动电力系统向绿色、低碳、高效方向发展。

从人工智能技术的应用角度看，智能电网的构建和运行正在深度融合 AI 算法与模型。例如以下方面。

① 智能预测与负荷调节。基于机器学习和大数据分析，AI 可以对电力负荷进行高精度预测，实时识别用户用电行为变化，辅助调度中心优化电源组合与运行策略。

② 故障诊断与自愈控制。通过深度学习模型分析传感器与监控数据，快速定位电网故障源，实现电网的自我诊断与局部自愈，有效提升供电可靠性和响应速度。

③ 优化调度与能量管理。AI 优化算法可在多源电力系统中进行智能调度，协调风电、光伏、水电等多种能源形态的输出，提升电网整体运行效率与经济性。

④ 虚拟电厂与分布式能源管理。借助人工智能，智能电网能够对接入的分布式能源资源进行智能聚合和调度管理，构建虚拟电厂，提高可再生能源的利用效率和并网稳定性。

⑤ 智能运维与状态监测。利用图像识别、无人机巡检和数字孪生等 AI 技术，智能电网能够实现设备运行状态的精准感知、预测性维护和远程控制，大幅降低运维成本。

⑥ 互动式用户服务系统。通过自然语言处理与智能客服系统，AI 为电力用户提供更加个性化的用能建议与服务体验，实现用户与电网的智能交互。

智能电网的基本技术组成还包括先进的传感与测量技术、电力电子技术、数字仿真技术、可视化技术、可再生能源与新能源发电技术、储能技术等。在人工智能的加持下，这些技术将在电力系统的发电、输电、配电、变电、用电等各个环节中全面渗透，形成以智能感知、智能决策、智能控制为核心的综合电力服务平台。

可以说，人工智能的深度参与正在重塑智能电网的运行模式与发展路径，为建设新型电力系统和推动能源转型提供了坚实的技术支撑。

3. 机器人

机器人是一种可编程的多功能操作装置，具备在一定程度上模拟人类智能行为的能力，能够在多种环境中执行特定任务。机器人学是一门融合电子技术、人工智能、控制论、系统工程、信息感知、仿生学、心理学等多学科交叉的综合性技术学科。人工智能技术，尤其是感知、决策、学习、语言处理和运动控制等核心方法，几乎都在机器人领域得到广泛而深入的应用。可以说，机器人不仅是人工智能技术的集成载体和试验平台，更是推动人工智能不断迈向实际应用的关键力量。

自世界上第一台工业机器人问世以来，机器人技术不断演进，历经遥控机器人、程序机器人、自适应机器人和智能机器人四个主要发展阶段。

遥控机器人与程序机器人是机器人技术发展的初级阶段，机器人主要依赖外部遥控装置或预设程序进行操作，缺乏环境感知和自主决策能力，主要应用于工业制造领域中的重复性、危险性作业，如流水线搬运、点焊等工作。

随着传感器和控制技术的发展，自适应机器人开始具备一定的感知能力。它们集成视觉、听觉、触觉等传感器，能够对环境进行基础感知，并通过内置的微处理器对信息进行分析，从而实现简单的环境适应行为。此类机器人广泛应用于工业自动化领域，如精密装配、自动分拣、智能搬运等任务，提升了机器人对动态作业环境的响应能力。

智能机器人是人工智能与机器人技术深度融合的产物，具备较强的环境感知、语言交互、路径规划、逻辑推理、自主决策和学习能力。这些机器人不仅能够完成复杂的操作任务，还能与人类进行语义层面的交互与协作。例如，服务机器人可以识别人脸并进行语言沟通；医疗机器人可以辅助医生进行远程手术操作；救援机器人能够在灾后废墟中自主搜寻生命迹象。尽管目前的智能机器人仍未完全实现自主智能，但其“类人化”特征日趋明显，已在多个领域展示出广泛的应用前景。

目前，机器人已广泛应用于工业制造、医疗康复、军事安防、物流仓储、教育助教、家庭服务、农业作业等多个行业。未来，随着人工智能技术的不断突破，机器人将在更高层次实现“人机融合”与“类脑智能”，成为智慧社会建设的重要支撑力量。

4. 智能控制

智能控制是人工智能与控制科学深度融合的产物，指的是无需或仅需极少人工干预，便可使智能机器自主完成复杂任务的一种自动控制方式。它融合了人工智能技术（如专家系统、模糊逻辑、神经网络、进化算法等）与经典控制理论和现代控制理论，旨在构建具有智能行为的控制系统，解决传统控制方法难以胜任的复杂、不确定和动态变化环境下的控制问题。

智能控制系统本质上是一类具备认知、判断、决策与执行功能的自主系统。其核心组成包括：①传感器系统，负责感知外界环境或系统内部状态，获取关键输入信息；②感知信息处理模块，对采集到的原始数据进行预处理、特征提取与模式识别；③认知与决策模块，模拟人类的思维过程，实现对环境的理解和状态的判断；④规划与控制模块，制定合理的控制策略，输出控制命令；⑤执行器系统，依据控制命令驱动设备完成动作；⑥通信与接口模块，实现系统内部各模块之间以及系统与外部环境之间的协调与信息交互。

智能控制技术主要用来解决那些用传统的方法难以解决的复杂系统的控制问题，其主要应用领域有智能机器人系统、计算机集成制造系统、复杂工业过程控制系统、航空航天控制系统、社会经济管理系统、交通运输系统、通信网络系统、环保与能源系统等。

目前，智能控制研究方向及主要内容涉及：①智能控制的基础理论和方法；②智能控制系统结构；③基于知识系统的专家控制；④基于模糊系统的智能控制；⑤基于学习及适应性的智能控制；⑥基于神经网络的智能控制；⑦基于信息论和进化论的学习控制；⑧基于感知信息的智能控制；⑨其他方面，如计算机智能集成制造系统、智能计算系统、智能并行控制、智能容错控制、智能机器人等。

二、感知与交互类应用方向

1. 语音识别

语音识别技术是人工智能领域的重要分支，其核心任务是使计算机具备“听懂人类语言”的能力。这一过程不仅涉及对声音信号的捕捉和分析，更包括语义理解和文本还原。语音识别的实现依赖于多项关键技术，包括语音信号预处理、声学建模、语言建模与解码搜索等环节。在预处理阶段，系统通过去噪、端点检测等手段，提高语音信号的质量，为后续分析打下基础。特征提取环节则从语音波形中提取出更具有代表性的声学特征参数，如梅尔频率倒谱系数（MFCC），用于建模说话内容。声学模型负责将语音信号与基本语音单元建立概率映射关系，当前常用的深度神经网络（DNN）、卷积神经网络（CNN）和长短时记忆网络（LSTM）等方法极大提升了建模能力。而语言模型则通过分析海量文本数据，评估不同词语序列的合理性，确保语音转写结果在语法上尽可能准确自然。最终，解码模块会综合声学与语言模型的输出，通过搜索算法选取最符合语音输入的文字结果。

从应用维度来看，语音识别技术已在多个领域实现落地并展现出强大的实际价值。在智能手机和智能音箱中，语音助手已成为常见的人机交互方式，用户可以通过语音完成拨号、搜索、打开应用等操作，极大提升了交互的便捷性和自然性。在汽车行业，语音识别被广泛应用于车载导航和娱乐系统中，帮助驾驶者在不分散注意力的情况下控制车辆功能，提升行车安全。在金融和政务服务中，智能语音客服通过识别用户意图，实现语音导航、业务咨询与问题解答，显著降低了人工成本。在医疗场景中，语音识别辅助医生进行电子病历的快速录入和诊疗记录的整理，提高了医疗效率并降低误诊风险。此外，在教育行业中，语音识别被用于外语口语评测、听说训练系统，能够根据学生的发音给出反馈，增强学习效果。

随着硬件性能的提升与算法的不断优化，语音识别正朝着高精度、低延迟、多语言、强鲁棒性等方向发展。在未来，语音识别不仅会成为各种智能设备的标配交互方式，还将在工业控制、智能城市、无障碍通信等领域释放更大的应用潜力，推动人与机器之间的交流更加自然与高效。

2. 计算机视觉

计算机视觉是人工智能领域中的一个重要分支，其核心目标是通过模拟或借鉴生物视觉系统，赋予计算机感知和理解图像与视频的能力。具体来说，计算机视觉通过对采集的图像或视频数据进行处理，提取出其中的有用信息，并将其转化为机器可以理解的形式，从而完成诸如物体识别、场景分析、动作识别等任务。计算机视觉的研究方法主要可以分为两种：一种是仿生学方法，它通过模拟人类视觉系统的结构和功能，设计相应的模型和算法来实现视觉感知；另一种是工程学方法，这种方法并不严格模仿人类视觉的内部机制，而是侧重于输入输出的映射关系，利用现有的技术手段实现图像的处理与理解。

近年来计算机视觉已在许多领域得到广泛应用，例如以下方面。

① 人脸识别。它通过提取和分析人脸特征点，能够实现对个人身份的准确识别，广泛应用于智能安防、金融支付、社交媒体等领域。

② 汽车自动驾驶。通过摄像头、激光雷达等设备获取实时环境信息，计算机视觉系统可以识别道路、行人、交通标志和其他车辆，从而辅助车辆自主导航、避障与决策，推动无人驾驶技术的发展。

③ 安全监控。计算机视觉被应用于公共安全、交通监控等场景，通过视频分析实时监测异常行为或事件。例如，利用图像识别技术能够有效检测到公共场所中的可疑行为或违规停车的情况，帮助安全人员采取预防措施。

④ 遥感测绘。特别是在对大规模地理信息的采集与处理过程中，通过卫星图像与航空摄影的分析，能够提取出地表的三维信息，为城市规划、农业监

控和自然灾害预测等提供数据支持。

⑤ 医学图像处理。通过对 X 光片、CT 扫描、MRI 等医学影像的自动分析，计算机视觉不仅可以辅助医生更准确地进行疾病诊断，还能实现对肿瘤、器官损伤等病变的早期检测。

视觉导航技术在机器人、无人机等智能设备中也有着重要的应用。计算机视觉帮助这些设备理解和感知周围环境，通过视觉数据进行路径规划与障碍物避让，从而实现自主移动和导航。在无人机配送、物流行业中，计算机视觉技术同样发挥着关键作用，使得设备能够在复杂环境中进行自主定位和操作。

3. 自然语言理解

自然语言理解（NLP）又叫自然语言处理，旨在使计算机能够理解和处理人类语言。与语音识别技术关注声音信号的转换不同，自然语言理解侧重于通过计算机程序模拟人类的语言理解能力。其目标是使计算机能够理解、生成并与人类进行有效的语言交互，进而执行各种任务。自然语言理解的核心任务包括：理解人类语言输入的信息、生成相应的回答或响应、生成信息摘要以及将语言翻译成其他语言等。

自然语言理解的技术基础通常涉及多个领域的交叉，包含语法分析、语义理解、词法分析、情感分析等内容。计算机必须能够对自然语言输入进行语法解析，确定句子的结构和各部分的关系。例如，在一篇新闻报道中，计算机需要识别出主语、谓语和宾语，并进一步理解它们之间的逻辑关系。接下来，计算机需要在理解句子的基础上进行语义推理，处理多义词、歧义和上下文信息，确保对语言的理解能够反映其真正的含义。

自然语言理解技术的应用范围广泛，涵盖许多行业和领域。

在日常生活中，最常见的应用之一就是智能助手，例如苹果的 Siri、谷歌助手等。这些智能助手利用自然语言理解技术，实现了对用户语音命令的理解与响应，能够完成例如设定提醒、播放音乐、查询天气等任务。随着技术的进步，智能助手不仅能够执行简单的命令，还能通过上下文信息进行智能对话，从而提供更加个性化的服务。

在机器翻译方面，现代的自然语言理解技术取得了显著进展。通过深度学习模型，尤其是基于神经网络的翻译模型（如 Transformer 模型），计算机能够自动翻译不同语言之间的文本，极大地提高了翻译的准确性和流畅性。比如，Google 翻译、百度翻译等工具可以支持多语种间的即时翻译，被广泛应用于旅游、跨国交流、国际商务等场景。

在信息检索领域，自然语言理解技术同样发挥着重要作用。搜索引擎如Google和Bing，除了传统的关键词匹配技术外，还结合自然语言理解，通过语义搜索和意图识别帮助用户找到更符合需求的结果。例如，用户输入“如何做一个苹果派”，搜索引擎不仅会返回相关食谱，还会通过对语言的理解，推测出用户的目的，提供更精确的信息。

情感分析是自然语言理解在社交媒体和市场营销中的一个重要应用。通过分析大量的用户评论、社交媒体帖子或消费者反馈，计算机可以识别出文本中的情感倾向，判断它是正面、负面还是中立的。这种技术广泛应用于品牌监测、产品评价分析和舆情监控等领域，帮助企业快速响应市场变化并进行相应的调整。

在法律领域，自然语言理解技术也已开始发挥作用。法律文件往往内容复杂且专业，通过自然语言理解，计算机可以帮助法律从业者自动化地进行文书审查、合同分析等工作，提升工作效率并减少人为错误。例如，AI系统可以自动识别合同中的风险条款或潜在的法律问题，辅助律师进行更精确的法律分析。

客户服务领域的自然语言理解技术已被广泛应用于智能客服系统。通过理解和处理用户的咨询请求，AI客服能够自动解答常见问题、处理订单查询、售后服务等，从而大大减轻了人工客服的工作负担，提高了服务效率。这一技术的应用使得企业能够24小时不间断地提供支持，提升客户满意度并降低成本。

在教育行业，自然语言理解技术被应用于智能辅导系统。这些系统能够根据学生的输入，理解其问题并给出相关的解答或建议，支持个性化学习。例如，AI可以辅助学生进行外语学习，帮助他们通过对话练习提高语言能力，或者在数学、科学等学科上根据学生的表现提供定制化学习方案。

4. 模式识别

模式识别的作用是使计算机能够对给定的事物进行鉴别，并把它归于与其相同或相似的模式中。模式识别作为人工智能的一个重要研究领域，其目标在于实现人类识别能力在计算机上的模拟，使计算机具有视、听、触等感知外部世界的能力。目前，模式识别已在字符识别、医疗诊断、遥感、指纹识别、脸形识别、环境监测、产品质量监测、语音识别、军事等领域得到了广泛应用。

根据采用的理论不同，模式识别技术可分为模板匹配法、统计模式法、模糊模式法、神经网络法等。模板匹配法首先对每个类别建立一个或多个模板，然后将输入样本与数据库中的每个类别的模板进行比较，最后根据相似性大小进行决策；统计模式法根据待识别事物的有关统计特征构造出一些彼此存在一定差别的样本，并把这些样本作为待识别事物的标准模式，然后利用这些标准模式及相应的决策函数对待识别的事物进行分类，统计模式法适用于不易给出典型模板的待识别事物，如手写体数字的识别；模糊模式法以模糊理论中的隶属度为基础，运用模糊数学中的“关系”概念和运算进行分类；神经网络法将人工神经网络与模式识别相结合，即以人工神经元为基础，对脑部工作的生理机制进行模拟，从而实现模式识别。

根据模式识别的不同实现方法，模式识别包括有监督的分类和无监督的分类。有监督的分类又叫有人管理分类，主要利用判别函数进行分类判别，用于有足够的先验知识的情况；无监督的分类又叫无人管理分类，用于没有先验知识的情况，主要采用聚类分析的方法。

三、科学与工程类应用方向

1. 自动定理证明

自动定理证明（ATP）是让计算机模拟人类证明定理的方法，旨在实现类似人类的非数值符号演算过程，以自动完成定理的证明。实际上，自动定理证明不仅适用于数学定理的证明，也能广泛应用于许多非数学领域的任务，比如医疗诊断、信息检索、工程问题求解、法律推理等。这些问题可以通过适当的方式转化为定理证明的问题，从而使用相应的自动定理证明技术进行求解。自动定理证明作为人工智能最早期的研究领域之一，已在多个应用场景中取得了显著的进展，并对人工智能的发展起到了重要的推动作用。

自动定理证明的研究方法和技术不断演进，主要包括自然演绎法、判定法、定理证明器和计算机辅助证明等方法。

自然演绎法是一种形式化推理方法，其基本思想是依据一套系统的推理规则，从公理和前提中推导出定理。若待证定理符合推导规则中的某些推理步骤，则可以证明其为真。自然演绎法能够提供一种更具人类思维模式的证明方式，因此在一些高度结构化的定理证明中具有较强的应用价值。

判定法是一种通过设计统一的算法来求解某一类特定问题的方法。在自动定理证明的应用中，判定法为计算机提供了直接有效的求解路径，尤其是在数学和逻辑推理问题上，判定法能够有效地实现从问题描述到答案的自动化转化。

定理证明器是一种专门用于研究可判定问题的工具，它通过结合具体的算法和逻辑系统，自动地验证和证明定理的正确性。定理证明器通常依赖于高度结构化的逻辑系统和推理规则，能够在较短的时间内验证复杂的数学定理。通过不断优化定理证明器的设计，研究者能够进一步扩展其在其他领域的应用。

计算机辅助证明是一种将计算机作为辅助工具来完成定理证明的方式。与完全自动的定理证明不同，计算机辅助证明更侧重于利用计算机的高速计算能力、大规模数据存储以及智能化处理功能，协助人类完成手工证明难以实现的部分，如大量的计算、复杂推理和穷举搜索等。这种方式尤其适用于处理大型复杂的定理，帮助数学家、科学家等研究人员在更短的时间内完成深奥且繁复的证明过程。随着计算能力的提升，计算机辅助证明已经在多个领域中发挥了重要的作用，并且推动了理论科学的进步。

2. 自动程序设计

自动程序设计的任务是通过高级描述的输入，自动生成能够完成特定目标的程序。这种自动化过程的核心思想是将计算机配置为一个“超级编译系统”，它能够理解并处理高级语言描述，进而生成可执行的代码。在实际应用中，自动程序设计不仅仅是程序的自动生成（即程序的自动综合），还包括程序的自动验证，以确保所设计程序的正确性与功能实现。

自动程序设计的关键之一是程序的自动综合，它依赖于计算机通过分析输入的高层次目标描述，使用某种算法和推理机制生成符合要求的程序。这一过程能够大大缩短软件开发周期，特别是在那些涉及大量数据处理或需快速迭代的应用场景，如大数据分析、机器学习模型的自动构建以及复杂系统的自动化设计等，均可从中获益。通过自动化设计工具，开发者能够更加专注于解决问题的核心逻辑，而无需深入编写每一行程序代码。

然而，自动程序设计面临的一大挑战是程序的正确性验证。在理论和方法的支持下，需通过验证程序验证其是否能够正确地完成指定任务，确保其在各种边界条件下的稳定性和安全性。当前，常用的验证方法是通过一组已知结果的数据对程序进行测试。如果程序的输出与预期结果一致，就认为程序是正确的。虽然这种方法在处理简单程序时比较有效，但对于复杂系统，特别是多模块协作的大型软件系统，这一方法的适用性受到限制。复杂系统的程序往往包含数以万计的路径和状态，测试每个路径几乎是不可能的，导致无法确保系统在所有可能的情况都能正确运行。因此，程序的正确性验证仍然是一个亟待解决的难题，未来的研究可能会结合形式化方法、自动化推理以及人工智能技术，开发出更为高效和可靠的验证手段。

自动程序设计还创新性地提出了程序调试的概念，作为一种问题求解的策略。在传统的程序开发中，通常要求在初期阶段便设计出没有错误的程序。但自动程序设计则采用一种更为灵活的策略：先生成一个大致正确但可能含有错误的程序版本，然后通过不断调整和优化，逐步改进程序的质量。这种迭代过程大大提高了问题求解的效率，也能够帮助开发者快速识别并修复问题，减少了开发过程中对“完美初稿”的过度依赖。这一方法的实际应用，尤其在机器学习、人工智能算法优化以及机器人控制等领域，已经取得了显著成效，成为加速软件开发的重要工具。

3. 博弈

博弈是指诸如下棋、打牌等具有竞争性质的智能活动。博弈这一现象不仅存在于人类社会中，在自然界中也普遍存在。博弈的双方可以是个人、群体，甚至是生物群或智能机器。无论是哪种形式，博弈的本质都是双方通过自身的智慧来进行对抗，力求在竞争中占据优势，以实现最终的胜利。因此，博弈常常被视为智能的试炼场，体现出参与者在策略、思维和判断上的差异。

人工智能研究中的博弈并非仅仅是为了游戏娱乐，而是作为一个重要的实验平台，用于检验和发展人工智能技术。通过对博弈的深入研究，人工智能可以模拟和分析复杂的决策过程，探索如何让机器在高度不确定和动态变化的环境中作出决策。博弈理论为人工智能提供了多种策略和算法模型，这些模型不仅能够模仿人类决策过程，还能通过大量的计算和数据分析，寻找出最优的行动路径，从而提高机器的决策效率和精准度[1]。

人工智能中的许多核心概念和技术，如搜索算法、强化学习和对策博弈，都从博弈程序中得到启发和发展。特别是在强化学习中，机器通过与环境的互动来不断调整自身策略，而这种策略调整与博弈中的决策过程十分相似。博弈研究中的一个重要成果就是“零和博弈”理论，即在某些环境下，一个参与者的收益总是等于另一个参与者的损失，这一理论在多种人工智能系统中得到了广泛应用。

此外，博弈的研究成果已经渗透到许多实际应用领域，尤其是在经济决策系统中。通过模拟博弈，人工智能可以帮助分析对抗情境中的最佳决策路径，从而优化战术部署或商业决策。在经济领域，博弈算法能够对市场竞争、价格战等复杂情境进行建模，为决策者提供具有战略性和前瞻性的建议。因此，博弈不仅是人工智能技术发展的催化剂，也是其实际应用中的重要推动力。

---

[1] 史忠植．人工智能［M］．北京：机械工业出版社，2024：6.

第二章
人工智能核心技术解析

在当今数字化和智能化迅速发展的时代，人工智能已成为推动社会进步和产业升级的关键力量。随着大数据的积累和计算能力的提升，人工智能技术在各个领域展现出了前所未有的潜力和价值。本章将深入探讨人工智能的核心技术，包括概念与知识表示、知识图谱与推理、知识库与知识搜索技术以及机器学习与自然语言处理。这些技术不仅为人工智能的发展奠定了坚实的基础，而且在推动行业创新和社会进步方面发挥了至关重要的作用。通过深入理解这些核心技术，我们能够更好地把握人工智能的发展趋势，为未来的智能化社会建设提供有力支持。

第一节　概念与知识表示

一、概念表示

概念是认知体系的基本单位，承载着对事物、现象及其关系的理解与描述。在人工智能系统中，概念的精确表示决定了其对世界的认知和信息处理能力，进而影响系统在处理复杂任务时的表现。人工智能的学习和推理能力离不开对概念的准确理解和有效表达。通过概念的表示，系统能够进行知识存储、推理和判断，从而实现自动化的信息处理和智能决策。

概念表示的重要特征是其层次性和结构性。在人工智能系统中，概念通常呈现出树状或网络状的层次结构，其中高层概念往往是由低层概念逐步推导而来的。通过建立这种层次结构，人工智能系统能够在处理复杂任务时，从宏观层面理解问题，并在细节层面做出精准的反应。每个概念都承载着丰富的信息，包含着对现实世界的某一特征、性质或关系的描述。在这一过程中，概念之间的关联与依赖关系为人工智能系统提供了推理和决策的基础。

概念的语义清晰性和表达一致性对于人工智能系统的理解能力至关重要。如果概念定义模糊或多义性过强，系统将无法在具体情境中进行有效推理，导致错误的结论或无效的决策。因此，概念的规范化和标准化在人工智能的应用中具有重要意义。通过精确的语义分析和一致的概念定义，系统能够更加有效地处理和理解信息，从而在实际应用中达到预期的智能效果。

在人工智能的发展过程中，概念的表示方式也不断得到优化和改进。从符号逻辑到语义网，再到深度学习中的向量空间模型，概念的表示手段逐渐由传统的符号表示向更为复杂的数值和向量表示过渡。这种转变不仅提升了系统在处理自然语言、视觉感知等复杂任务时的灵活性和鲁棒性，还为构建具有更高认知能力的人工智能系统奠定了基础。

概念的表达不仅是人工智能系统认知与推理的起点，更是其理解和操作知识的关键。通过对概念的深刻理解和精准表示，人工智能能够实现更高效的知识传递和信息处理，为解决实际问题提供更加智能和高效的支持。

二、知识表示

知识是需要表示的，为表示的方便，一般采用形式化的表示，并且具有规范化的表示方法，这就是知识表示。在人类智能中，知识蕴藏于人脑中，但在人工智能中，需要用知识表示的方式将知识表示出来以便对它讨论与研究。知识表示就是用形式化、规范化的方式对知识的描述。其内容包括一组事实、规则以及控制性知识等，部分情况下还会组成知识模型。常用的知识表示方法包括产生式表示法和状态空间表示法。

（一）产生式表示法

产生式表示法是人工智能领域中一种广泛应用的知识表示方法，它通过类似于文法的规则来进行符号串的替换运算，从而模拟人类在求解问题时的思维过程。这种表示法具有简单而高效的特点，广泛用于推理系统和专家系统中，尤其在面向推理和决策支持的应用中，产生式表示法是常见的核心技术。

产生式表示法基于一组“规则”，通过这些规则的应用来进行问题求解。

在人工智能中，产生式表示法被视为处理复杂问题的一种基础性方法，因为它能够清晰、结构化地表述问题的解决过程。产生式表示法的核心要素包括事实、规则及其组合，它使得人工智能系统能够对已知信息进行推理和推导，从而得到新的知识和结论。

1. 产生式表示法的知识组成

产生式表示法的知识体系由两大核心组成部分：事实和规则。事实描述了世界的静态特征，而规则则表示了事实之间的因果联系，是系统推理的基础。

（1）事实表示

在产生式系统中，事实是最基本的构成元素之一，代表了某个对象的性质或对象间的关系。事实的表示可以分为两种类型：对象的性质和对象之间的关系。

① 对象性质表示。对象性质表示通常使用三元组的形式：（对象，属性，值）。其中，“对象”指具体的事物或实体，“属性”指该对象的某种特性或状态，“值”则是该属性的具体取值。例如，（牡丹花，颜色，红）这一事实表示牡丹花的颜色是红色的。

② 对象间关系表示。对象间关系表示同样可以使用三元组的形式：（关系，对象 1，对象 2）。其中，“关系”描述了两个对象之间的特定联系。例如，（父子，王龙，王晨）表示王龙与王晨之间存在父子关系。

（2）规则表示

规则是产生式系统中非常重要的动态元素，它描述了事实之间的因果联系。规则的基本形式为：If P then Q。其中，P 是规则的前提，定义了规则适用的条件，而 Q 是规则的结论，表示在满足条件 P 时，系统应当采取的操作或得出的结论。产生式规则可以通过逻辑推理对事实库中的知识进行操作，生成新的知识。比如，如果某个规则的前提条件 P 被满足，那么系统就会根据该规则的结论部分 Q 来修改当前的知识状态，生成新的事实。

2. 产生式表示法与知识

产生式表示法在表示知识时不仅仅关注具体的事实和规则，它还具有层次化的结构，可以通过不同的层次来组织和管理知识。

第一层：对象层，描述了系统中涉及的所有对象。每个对象都可以具有一定的属性和状态，构成了知识体系的基本构件。

第二层：事实层，给出了关于对象的具体信息，描述了这些对象的性质或它们之间的关系。事实是静态的，表述了现有状态。

第三层：操作层，即规则层，定义了事实之间的因果关系及操作规则，体现了知识的动态特征。规则决定了如何从已知事实中推导出新的知识或推理出决策。

第四层：元知识层，为系统设置约束和指导原则，元知识用于调节和管理系统推理过程中的应用逻辑，例如判断何时应用某条规则，如何优先考虑不同的规则等。

（二）状态空间表示法

状态空间表示法是知识表示和问题求解中一种常见且重要的方法，广泛应用于人工智能、自动推理、规划和决策支持等领域。它主要通过描述问题的各个“状态”及其之间的变换过程，来帮助系统寻找从初始状态到目标状态的路径。这一方法的基本思想是在一个可能的解空间内，通过一系列的状态变换，找到最优或可行的解路径。状态空间表示法基于以下三个核心要素：状态、操作以及状态空间。

1. 状态

在状态空间表示法中，状态作为系统描述的核心要素，承载着问题的具体信息与当前的情形。每一状态由多个状态变量组成，状态变量对应于问题的不同维度或方面，其具体取值反映了问题的不同状态。状态变量不仅是系统描述的基础，也决定了系统状态的全面性与复杂性。通过确定所有状态变量的取值，能够明确一个具体的状态，从而为问题的求解或决策提供重要依据。

状态的形成与发展通常伴随着一定的约束条件。这些约束条件对状态的有效性起到了关键作用，规定了哪些状态在给定的情境中是可接受的。换言之，只有符合这些约束的状态才被认为是有效的。通过这些约束，能够有效地限制问题的解空间，使得问题的求解更加精确与高效。约束的设定不仅能够确保状态的合法性，还能在解决问题的过程中避免无效路径的产生，提高求解过程的有效性与精度。

状态的性质可以是静态的，也可以是动态的。静态状态描述了某一时刻的问题状况，通常用于表示问题的初始或最终阶段，而动态状态则体现了问题解决过程中不同阶段的中间状态。动态状态反映了系统在某一时间点的演化过程，它是由先前状态的变化所引发的。因此，动态状态往往具有更高的复杂性和多样性，因为其随时间推移而不断变化，并受到多个因素的影响。

在状态空间的框架下，问题的求解过程可以看作从一个初始状态出发，通过一系列合法的状态转换，最终到达目标状态。每一步状态的变化通常由某些动作或操作引起，这些动作或操作的选择必须符合状态转移的合法性要求。通过对状态及其变化规律的深入分析，可以有效地优化问题的求解策略，确保在合法状态空间内进行高效的探索与决策。

2. 操作

在状态空间表示法中，操作作为状态变化的核心机制，承载着从一个状态转移到另一个状态的动态过程。操作通常被视为一种算符，它具体描述了如何通过实施某种行为或执行特定任务来改变当前状态的内容。通过操作，系统能够实现从一个状态到另一个状态的跃迁，进而推动问题求解的进程。操作不仅仅是状态转换的触发因素，它往往也包含了对条件、资源以及约束的依赖，由于这些因素决定了操作的执行时机与执行方式。

操作的有效执行通常依赖于一系列前提条件，这些条件确保操作的执行符合问题的整体约束和规则。只有在满足这些前提条件时，操作才能有效进行，并引发状态的变换。前提条件可能涵盖状态变量的特定值、资源的可用性，或者其他系统设计时设定的约束。这种条件性使得操作在不同情境下可能具有不同的执行路径和效果，从而保证了状态转移的合理性与可控性。

在人工智能的规划与求解问题中，操作作为状态空间转移的工具，是实现从初始状态到目标状态的关键因素。操作的设计不仅决定了状态空间的结构和解空间的大小，还直接影响到问题求解的策略和效率。合理的操作集合能够有效限制系统的状态转移路径，使得从初始状态到目标状态的过程更加高效和可行。因此，操作的选择和设计对于问题求解的成功至关重要。优化操作的执行规则，不仅有助于提高计算效率，还能避免无效或冗余的状态变换，提高算法的整体性能。

在某些复杂的求解问题中，操作的作用可能不仅限于单一的状态转移，它们还可能涉及多个状态变量的协同变化。通过这种多维度的操作设计，可以实现对复杂系统的精确控制，使得状态变换更加灵活与动态。因此，操作的定义和构造不仅要求具备对当前系统状态的深刻理解，还需要根据系统目标和约束条件进行合理的规划与设计，以便在不断变化的状态空间中找到最优的解答路径。

3. 状态空间

状态空间是对一个问题的所有可能状态及其相互之间变换关系的全面描

述。它提供了一个结构化的框架，帮助理解和分析从初始状态到目标状态的转变过程。在状态空间表示法中，状态空间通常被形式化为一个三元组（S，F，G），其中S表示问题的所有初始状态的集合，F代表操作的集合，定义了如何从一个状态转移到另一个状态，而G则是目标状态的集合，包含了所有可能的解决方案或目标状态。状态空间作为问题求解的基础，承载着所有可能的状态配置和从一个状态到另一个状态的转移规则。

状态空间的结构可以通过有向图来表示，图中的每个节点代表一个特定的状态，而有向边则表示在不同状态之间转换的操作或规则。每一条有向边都包含着一个操作，这些操作决定了状态之间的过渡方式。通过这种图形化的表示方式，状态空间能够清晰地展示从初始状态到目标状态的所有可能路径。每一条路径上的操作反映了求解过程中的一系列行为，帮助求解者探索所有可行的解决方案及其路径。在状态空间中，初始状态和目标状态的确定对于问题的求解至关重要。初始状态是求解问题的出发点，而目标状态则是解决问题的终点。通过对状态空间的系统分析，可以识别出从初始状态到目标状态的多个可能路径，每条路径的操作集合代表了一种可能的求解过程。这种结构化的表示方式不仅有助于分析不同状态之间的关系，也为问题求解提供了清晰的方向，使得在实际应用中能够根据操作的集合选择合适的路径进行求解。

状态空间的构建通常依赖于对问题的深入理解，特别是在操作的定义和状态转移规则的设定上。不同问题的状态空间可以具有不同的复杂度，操作的选择、状态之间的连接关系以及目标状态的确定都会直接影响到状态空间的结构和求解的难易程度。因此，状态空间的有效设计是解决问题的关键，它不仅决定了求解过程中可能出现的路径，还影响着问题求解的效率和可行性。通过合理构建状态空间，可以提高求解过程的精度和效率，为问题的最优解提供坚实的基础。

第二节　知识图谱与推理

一、知识图谱

知识图谱技术是人工智能技术的重要组成部分，其建立的具有语义处理能力与开放互联能力的知识库，可在智能搜索、智能问答、个性化推荐等智能信息服务中产生应用价值[1]。当前，知识图谱已成为比较流行的知识表示方法。同时它还带动了知识工程与专家系统，使它们的发展重获新生，成为新一代人工智能的一个主要标志。用知识图谱获取知识的方法，其主要思想是充分利用互联网中的海量数据资源，通过注入语义信息将其改造成为知识。这种方法可以用简单的手段，快速、自动获得大量知识，从而使得知识获取自动生成，非常方便、有效。

（一）知识图谱分类

知识图谱作为人工智能领域的一种重要工具，已广泛应用于自然语言处理、机器学习、搜索引擎等多个领域。它以图结构的形式组织和表示实体及其关系，为各种智能应用提供了高效的信息管理和推理机制。在实际应用中，知识图谱可以根据不同的维度进行分类，以满足不同的业务需求和使用场景。

1. 按性质分类

按知识图谱的性质分类，可以将其分为以下几种主要类型：通用的百科类知识图谱、领域类知识图谱、场景类知识图谱、语言类知识图谱以及常识类知识图谱。

（1）通用的百科类知识图谱

通用的百科类知识图谱是应用最为广泛的知识图谱类型之一，其核心特点是覆盖面广，内容全面，涉及的知识领域涵盖从日常生活到专业学科的多个层面。此类知识图谱通常包含大量的实体（如人物、地点、事件、概念等）及其相互关系，且通常以开放式的方式进行构建和更新。例如，维基百科和百度百科就是典型的百科类知识图谱。它们通过社区化的编辑方式不断扩展知识库，涵盖了几乎所有领域的基本知识。在这些百科类知识图谱中，知识的表达通常是半结构化的，以文本为主，但通过图结构的嵌套和实体链接，也形成了广泛的知识网络。由于其开放性和广泛性，百科类知识图谱常被用于信息检索、问答系统、推荐系统等多个领域。

百科类知识图谱的优点在于其信息广泛、易于扩展，并且具备较强的普适性，能够提供广泛的知识覆盖。然而，由于其内容的开放性和不断变化的特性，如何保持数据的准确性和一致性也是其面临的一大挑战。

---

[1] 徐增林，盛泳潘，贺丽荣，等. 知识图谱技术综述［J］. 电子科技大学学报，2016，45（4）：589-606.

（2）领域类知识图谱

领域类知识图谱专注于某一特定领域或行业的知识表示，主要用于解决特定领域中的专业性问题。这类知识图谱的特点在于内容深入、信息密集，并且通常会涉及复杂的专业术语和领域特有的关系。法律知识图谱、金融知识图谱、医学知识图谱等，都是领域类知识图谱的典型代表。在这些领域中，知识图谱不仅要描述领域内的基本概念，还需要表达这些概念之间的深层次关系，甚至包括领域内的动态变化、时效性要求和特定规则。例如，在医学领域，知识图谱可以将疾病、症状、治疗方法、药品之间的关系进行深度表示，从而为医疗决策提供有效支持。

领域类知识图谱的优势在于它能够为特定行业提供精准的知识支持，帮助相关人员快速获取专业知识、进行问题诊断或制定决策。然而，由于每个领域的专业性较强，领域类知识图谱的构建难度较大，尤其是在确保信息准确性和全面性的同时，还需要处理复杂的领域知识体系的情况下。

（3）场景类知识图谱

场景类知识图谱聚焦于特定应用场景中的知识表示，通常涵盖与特定情境相关的信息和规则。这些知识图谱主要用于描述具体的工作流程、操作步骤或行为规范，并帮助系统在特定场景下进行智能推理和决策。例如，在贷款申请过程中，知识图谱可以描述申请贷款的各个步骤、所需材料、审批流程等；在出国办理护照的过程中，知识图谱可以描述办理护照的具体要求、流程和相关法律规定。场景类知识图谱的设计通常以用户需求为中心，注重场景的实用性和可操作性。

场景类知识图谱的特点是能够紧密结合实际应用需求，为用户提供快速、准确的指导信息，帮助用户在复杂的工作流程中高效完成任务。其局限性则在于较为狭窄的应用范围，通常仅限于特定领域或场景，无法广泛适用于其他领域。

（4）语言类知识图谱

语言类知识图谱专注于与语言相关的知识表示，它主要解决语言学、语义学及自然语言处理中的问题。这类知识图谱通过表示词语、短语、句子之间的关系和语义联系，帮助系统理解和处理语言的多义性、同义性、语法结构等问题。例如，语言类知识图谱可以用于表达某一词汇的多种含义及其对应的翻译，或者在不同上下文中词语之间的关系。WordNet 就是一个经典的语言类知识图谱，它以词汇为节点，语义关系为边，将英语词汇的词义、同义词、反义词等关系以图的形式组织起来。

语言类知识图谱的优势在于能够为自然语言处理系统提供丰富的语义支持，提升机器对语言的理解能力。然而，语言的复杂性和多样性使得语言类知识图谱的构建极为困难，特别是在处理词语的歧义、上下文依赖等方面，仍然存在许多挑战。

（5）常识类知识图谱

常识类知识图谱是指那些描述普遍常识和常见认知的知识图谱。这类知识图谱包含的是人们日常生活中普遍认同的知识，比如“人有两条腿”“天空是蓝色的”等普遍常识。常识类知识图谱的目的是为智能系统提供基础的世界知识，使其能够进行常识推理，增强系统的推理能力和理解能力。这类知识图谱的构建相对简单，但其面临的挑战在于如何定义和处理常识的范畴。常识是不断发展的，随着时代的变迁，人们对一些事物的理解可能会发生变化。因此，常识类知识图谱需要不断更新和修正，以保持与现实世界的同步。

常识类知识图谱在多模态推理、智能问答、自动推理等领域具有广泛应用。通过建立基于常识的推理能力，智能系统能够更加智能地理解和处理复杂的情境，作出合理的判断和决策。

2. 按层次分类

随着知识图谱技术的不断发展，构建和应用知识图谱的方式也在不断演变。根据知识图谱获取技术的水平和先后顺序，知识图谱可以分为三个层次。这些层次代表了从手工获取到自动化构建知识图谱过程的逐步升级与优化，也反映了人工智能技术在知识图谱构建中的逐渐渗透与深度应用。

（1）第一层：手工构建的知识图谱

第一层的知识图谱可以视为最早期、最原始的知识图谱，它主要依赖于人工方式从互联网或其他信息来源中获取知识。这一层次的知识图谱建设过程中，通常会依靠专业人员、领域专家以及大量志愿者群体的合作，手动收集、整理和标注数据，从而构建出一个初步的知识图谱。

第一层的知识图谱构建具有几个显著特点。首先，它是非常劳动密集型的，构建者需要通过人工方法对大量的信息进行筛选、提炼和关系标注。这一过程通常需要对各类信息源进行深入的分析，以确保图谱中所包含的知识是准确、完整和有用的。其次，第一层的知识图谱通常是在没有太多自动化技术的支持下构建的，因此其规模相对较小、构建周期长，且数据更新的速度较慢。例如，维基百科在其早期发展阶段就采用了这种方式，依靠大量志愿者在全球范围内共同协作，手工编写、审核和更新条目。这种模式虽然在初期能够实现一定规模的知识积累，但其面临的主要问题是数据的更新和扩展效率较低，且在处理复杂关系和语义层次时容易出现不足。

（2）第二层：融合与重组的知识图谱

第二层的知识图谱是在第一层知识图谱的基础上，通过数据融合和重组形成的。这一层次的知识图谱不仅继承了手工构建的基础数据，而且引入了人工与自动化相结合的方式，使得知识图谱的构建变得更加高效和系统化。人工和自动化技术的结合，为数据的采集、处理和整合提供了更大的灵活性和可靠性。在这一层次，知识图谱的构建不仅仅依赖单一的信息源，而是将多个来源的数据进行整合和重组。例如，自动化的网页抓取技术（如爬虫技术）和自然语言处理技术（如信息抽取和文本挖掘）可以帮助自动获取互联网中的大量数据，而人工标注则用于确保数据的质量，特别是对于一些难以通过自动化工具准确获取的复杂知识来说。这一层次的知识图谱往往具有更高的准确性和完整性，能够覆盖更多的知识领域，并为实际应用提供更为丰富的支持。

第二层知识图谱采用了更加复杂的数据处理技术，如实体识别、关系抽取和知识融合等。这些技术能够将不同数据源中的重复、冗余信息进行合并，消除歧义，提高知识图谱的质量和实用性。例如，领域专用的知识图谱（如医学、法律、金融等）往往采用这种方法，融合领域专家手动标注的高质量数据与自动化技术获取的大规模数据，形成具有较高专业性和应用价值的知识图谱。在医疗领域，利用医学文献、专家经验和患者数据，通过人工和自动化技术的结合，构建了大量的医学知识图谱，这为疾病诊断、治疗方案推荐和医学研究提供了坚实的基础。

（3）第三层：自动化构建的知识图谱

第三层的知识图谱是目前技术最为先进、最为成熟的层次，它依托于人工智能和机器学习技术，主要通过自动化工具构建。这一层次的知识图谱能够在没有或仅少量人工干预的情况下，从海量数据中自动抽取和生成知识。

随着自然语言处理、深度学习、图计算等技术的发展，第三层的知识图谱逐渐成为主流。自动化构建的知识图谱不仅能高效地从结构化和非结构化数据中提取有价值的信息，还能自动推理和更新知识，具备较强的自我学习和自我优化能力。

第三层的知识图谱构建包括两个主要的技术方向：自动化数据抽取和自动化推理。在自动化数据抽取方面，利用深度学习算法，尤其是基于神经网络的模型（如 BERT、GPT 等），能够有效地从文本中抽取出实体、关系以及各种复杂的语义信息。在自动化推理方面，知识图谱不仅能够存储静态的知识信息，还可以通过图推理技术，对已有的知识进行推理、联想和扩展，发现潜在的知识。

这一层次的知识图谱在规模、实时性和更新速度上具有明显优势。例如，搜索引擎如 Google 和 Bing 通过自动化构建和更新的知识图谱，可以实时为用户提供准确的搜索结果，并且能够根据用户的行为自动调整知识图谱的内容。社交网络平台如 Facebook、Twitter 等，也依靠自动化技术构建其平台上的知识图谱，从而为个性化推荐、社交关系分析等应用提供支持。

（二）知识图谱中的知识存储

在知识图谱的建设和应用过程中，知识存储是至关重要的组成部分，它直接决定了知识的组织、存取、查询和维护效率。知识图谱本质上是通过图结构将海量的知识信息进行组织，提供一种更加自然、直观、有效的方式来表示复杂的关系、实体及其属性。因此，存储和管理这些知识成为了一个关键的技术问题。当前有多种数据库技术被用来实现这一目标，其中包括 Freebase、Neo4j 和 NoSQL 数据库等。

1. Freebase

Freebase 作为一种早期的专用图数据库，采用了以二元组为基础的数据结构。这种结构的核心在于通过主语、谓语和宾语的组合，形成知识的基本单元，从而对知识进行有效存储。三元组的形式对于知识的表达和存储具有较强的灵活性，能够覆盖大范围的关系和实体。Freebase 的设计并未充分考虑到高效的查询机制，尤其是在处理复杂关系查询时，其效率并不理想。此外，由于其缺乏有效的更新机制，随着数据量的增长和应用需求的变化，Freebase 逐渐暴露出无法及时更新和维护的短板。因此，在现代的知识图谱系统中，Freebase 的应用逐步减少，其设计理念也在后续的数据库技术中得到改进和优化。

2. Neo4j

Neo4j 作为开源图数据库的代表，通过采用六元组的数据结构，进一步提升了知识图谱的查询效率。Neo4j 不仅提供了更加完善的查询语言，还对图结构进行了更深层次的优化，使得图数据库能够在大规模数据查询中表现出较高的性能。六元组的设计使得它在存储关系和属性的同时，能够处理更复杂的知识链条，显著改善了数据查询和知识检索的速度与准确性。然而，尽管 Neo4j 在查询效率方面取得了较大突破，其对数据更新的支持依然不足。特别是在面对高频次的知识更新或动态变化时，Neo4j 的更新机制并不具备极高的效率，因此它更适用于查询密集型的知识库，而在动态环境下的知识管理则显得力不从心。

3. NoSQL

随着大数据和人工智能技术的不断发展，NoSQL 数据库作为一种通用的数据库标准体系，逐渐成为知识图谱存储的主流选择。NoSQL 数据库不仅支持图结构、键值结构等多种数据格式，还提供了三元组表结构的支持，具有较高的灵活性与扩展性。它的设计目标是应对海量数据的存储与快速查询需求，特别适合人工智能等技术领域中的大规模知识存储。在实际应用中，NoSQL 数据库凭借其高效的数据定义、操纵、查询与控制功能，展现出了广泛的适应性。它不仅能够满足传统数据管理的需求，还能够同时承担知识管理的任务，因此在构建语义丰富的知识图谱时，NoSQL 数据库具有明显的优势。随着相关技术的不断发展和优化，NoSQL 数据库有望成为未来知识图谱存储的核心技术之一，其在知识管理与大数据领域的前景广阔。

（三）知识图谱的实际应用

知识图谱的实际应用涵盖了从信息检索到复杂决策支持等多个领域，展现了其在人工智能领域中的重要作用。随着知识图谱技术的不断发展和完善，它已成为现代专家系统的核心组成部分，为自动化决策、智能问答、个性化推荐等多种应用提供了强有力的支持。这些应用不仅推动了人工智能技术的发展，也加速了知识管理和信息处理的智能化转型。

1. 知识搜索

知识搜索作为信息获取与利用的核心环节，经历了从传统关键字搜索到智能化知识图谱搜索的转变。传统的基于关键字的搜索引擎依赖于用户输入关键词的精确性，通过匹配网页或文献中的文本内容来返回相关信息。然而，这种方法存在一定的局限性，尤其是在处理复杂查询或语义模糊的情况下，常常无法提供足够准确或全面的答案。与此不同，知识图谱通过对信息的结构化存储和实体之间的关系构建，显著提升了信息检索的智能化和精准度。

知识图谱的优势在于其能够基于实体及其相互关系进行知识的组织和呈现。它不仅仅关注单一的关键词匹配，而且通过深入挖掘实体间的关联，理解用户查询的语义意图。每个实体在知识图谱中不仅被定义为独立的信息单元，还与其他相关实体通过语义关系连接，形成一个庞大的知识网络。这种网络结构使得搜索引擎能够根据用户的查询内容，从多个维度和角度对信息进行全面检索，从而提供更加精确和丰富的结果。

通过知识图谱，搜索引擎能够识别并处理复杂的查询意图。例如，用户在搜索某一领域的知识时，不再仅仅依赖简单的关键字匹配，而是通过图谱中已有的实体间联系，提取出相关的背景信息、上下游联系以及其他关联的概念。这样，知识图谱不仅提升了搜索结果的准确性，还能够对用户的潜在需求进行预判，为其提供更加个性化的搜索体验。在面对多层次、跨学科的查询时，知识图谱通过其结构化的知识表示方式，避免了传统搜索方法中可能出现的歧义和信息孤岛问题，确保了信息的全面性和一致性。

知识图谱具有增强语义理解和处理复杂查询的能力。它不仅能够识别单一实体，还能在更大范围内理解多个实体之间的关系。这种能力使得知识图谱能够更好地支持用户在面对不明确或模糊查询时，依然能够从大量信息中提取出最相关的内容。尤其是在处理自然语言查询时，知识图谱能够识别并解析复杂的语义结构，通过深入挖掘文本中的隐含关系，提供更为精准的答案。通过集成大量领域知识，知识图谱使得搜索引擎不仅能够在传统的信息检索层面提供支持，还在知识发现、智能推荐等领域展现出巨大的潜力。知识图谱的结构化方式不仅提升了信息查询的效率，也为更深层次的知识推理和智能决策提供了强有力的支撑。通过对实体及其关系的建模，知识图谱为各类复杂的知识搜索需求提供了更加灵活和高效的解决方案，推动了信息检索技术的进一步发展。

2. 自动问答

自动问答系统基于知识图谱中的实体及其间的关系，通过对查询的推理与分析，为用户提供准确的答案。在传统的问答系统中，用户的提问往往仅限于简单的信息查找，系统的回答也大多局限于从数据库中提取直接的匹配信息。而在知识图谱驱动的自动问答系统中，系统能够理解问题的语义，通过推理推导出正确的答案。例如，当用户询问“代代红价格”时，系统不仅仅会查询到“代代红”这一饮料品牌的信息，还会通过图谱中的关系（如“饮料价格，代代红，18”）推理出其价格为 18 元。知识图谱在自动问答中的应用使得系统能够回答更加复杂的自然语言问题，能够基于已知知识进行推理，甚至能够从多个不同的关系中推导出新的知识，为用户提供更为精准和智能的服务。这种推理能力是知识图谱相较于传统数据库问答系统的重要优势之一。

3. 自动推荐

自动推荐主要依赖于知识图谱中实体之间的关联关系来实现个性化推荐。

知识图谱通过对实体间关系的深度挖掘和分析，能够为用户提供与其查询内容相关的更多信息。例如，当用户搜索“代代红”这一饮料时，知识图谱不仅可以返回关于该饮料的详细信息，还可以通过其与其他饮料之间的关系，自动推送“可口可乐”“百事可乐”“椰汁”“雪碧”等其他相关饮料的推荐。这一过程通过分析知识图谱中“代代红”与其他饮料的关系，基于用户的兴趣和需求，进行推理并提供个性化的推荐。自动推荐不仅提升了用户的体验，还使得知识图谱在电商、广告、内容推荐等多个领域得到了广泛应用。

二、知识推理

（一）知识推理的基本方法

知识推理是指在已有知识的基础上，通过一定的推导过程得出新的知识。推理是人工智能、自然语言处理、专家系统等多个领域中的核心技术，尤其是在构建智能系统时，推理方法决定了系统能否实现合理、有效的决策。知识推理的基本方法主要包括演绎推理、归纳推理、类比推理和模糊推理。每种推理方法都有其独特的优势和应用场景，理解它们对于深入探讨知识推理至关重要。

1. 演绎推理

演绎推理是一种基于已知普遍规则或前提条件，从一般性陈述推导出特定结论的推理过程。其核心逻辑原则是“前提为真，则结论必然为真”，这一点确保了演绎推理具有较高的确定性和可靠性。在演绎推理中，推导过程严格依赖于逻辑的规则，确保结论的合理性和有效性。通常，这种推理方式以命题逻辑为基础，采取形式化的逻辑结构进行推理，从而能够准确无误地从已知事实推导出不可更改的结果。

在演绎推理过程中，只要前提假设成立，其推导出的结论便是必然成立的，因此具有极强的逻辑有效性。这使得演绎推理特别适用于处理具有高度确定性的情境，尤其是在需要严密逻辑推导和精确验证的领域中，演绎推理展现了其不可替代的价值。形式化的结构确保了推理过程可以被追溯和验证，保证了其在各类理论研究和应用领域中的广泛适用性。

由于其逻辑结构的严格性，演绎推理被广泛应用于多个学科，尤其是在数学证明、科学实验的理论构建、人工智能的算法设计以及程序验证等领域。在这些领域，演绎推理不仅用于解决理论性问题，还在实际的技术实现中起到了关键作用。通过对已知规律和定理的系统性运用，演绎推理不仅提升了推理结果的准确性，也增强了其在复杂问题求解中的普适性。

演绎推理的应用范围也在不断扩展。在现代技术和工程领域中，演绎推理被广泛用于开发精确的算法，进行问题的形式化分析，甚至在智能系统中用于推导决策规则。无论是在理论探讨还是实践操作中，演绎推理的价值在于其能够为复杂的推理问题提供清晰和可靠的解决方案，确保在各类问题的求解中达到高度的一致性和合理性。

2. 归纳推理

归纳推理与演绎推理相对，指的是通过从个别实例或观察结果出发，推导出一般性结论的推理方式。归纳推理并不保证结论的绝对正确性，而是基于概率和经验的推导方法。在归纳推理中，通过对大量实例的观察和总结，形成对整体情况的推测。

归纳推理常常用于科学研究、数据分析和机器学习中。以科学实验为例，科学家通过不断的实验和观察，积累了大量的具体数据，进而推导出普遍的规律。例如，发现“所有天鹅都是白色的”这一结论，通常是基于对所有已观察天鹅的统一结论进行推导的，但如果发现一只黑天鹅，那么这个结论就会被推翻，归纳推理并不具备绝对的正确性。

归纳推理的优势在于，它能够从实际情况出发，帮助我们发现新的规律和知识。在没有完整或明确规则的情况下，归纳推理通过总结经验能够给出较为合理的推测。然而，由于归纳推理依赖于经验和数据，其结论有时可能受到样本选择或数据质量的影响，因此可能存在不确定性和偏差。

3. 类比推理

类比推理作为一种重要的认知工具，通过揭示不同事物之间的相似性，为认知过程提供了有效的推导路径。在此过程中，类比推理并非单纯地依赖直观感受，而是通过对事物之间结构性、功能性或属性上的相似之处进行系统性分析，推导出可行的结论。类比推理的基本逻辑在于对比事物 A 与 B 的相似性，进而推测 C 与 D 之间可能呈现的相似性。

此类推理方法的优势在于能够有效迁移已知领域的经验或规律到新的、未知的领域中，为问题的解决提供理论基础与实践指导。类比推理不仅仅是对现有知识的简单复制，它更多地体现为一种跨领域的知识迁移。通过这种迁移，可以在不同学科、不同情境中产生新的认识，推动创新性思维的产生。在实际应用中，类比推理往往作为创新设计的基础，通过对现有技术或理论的相似性分析，帮助研究者或设计师发现潜在的解决方案或技术路径。

类比推理的有效性在很大程度上依赖于所比较的对象之间的相似度。高质量的类比推理要求对事物本质特征的精准识别和比较，避免表面相似带来的误导。尽管类比推理具有跨领域应用的潜力，但其推导结果仍需通过进一步的验证和实证分析来确认。因此，类比推理的应用，既是对已知知识的拓展，也是对未知领域的探索，能够在一定程度上激发新的研究方向和思考方式。

4. 模糊推理

模糊推理是一种处理现实世界中不确定性和模糊性的有效方法。与传统的逻辑推理不同，模糊推理并不依赖于严格的二值判断，而是承认和处理事物之间的模糊性和渐变性。这种推理方式源自模糊集理论与模糊逻辑，旨在通过允许不确定或模糊的概念来更接近实际世界中的复杂现象。在模糊推理框架下，信息不再被简单地归类为“是”或“否”，而是根据模糊集合的思想，赋予其一个介于两个极端之间的程度。这种推理方式能够更加灵活地应对和模拟现实中常见的模糊性和不精确性。

在处理复杂的系统或环境时，模糊推理展现出其独特的优势。许多实际问题涉及的信息往往无法准确量化，或者其处理过程难以用传统的精确计算方法来描述。通过引入模糊集的概念，模糊推理能够有效地处理这些不确定的信息，将其转化为可以进行推导和计算的形式。这一特性使得模糊推理在许多需要处理复杂变量和不完全数据的领域中具有广泛的应用潜力。尤其在控制系统、决策支持、风险评估等领域，模糊推理能够提供更为合理且符合现实条件的解决方案。

模糊推理的重要特征在于它能在不确定的环境中进行推导和判断。通过定义模糊规则，系统能够在信息不完整或模糊的情况下，依然提供一个相对合理的推理结果。传统的推理方法往往要求信息必须是明确的，且推导过程基于清晰的规则和数据。与之不同，模糊推理能够接受某些模糊信息和不精确数据，其依赖于对不确定性的数学建模，以此实现对复杂环境的有效应对。这使得模糊推理特别适用于动态变化和高复杂度的系统，由于其中的变量往往具有不稳定性和不可预测性。

模糊推理的灵活性和适应性使其成为处理现实世界问题的重要工具。由于现实世界充满了不确定性和模糊性，传统的精确模型难以全面地描述其复杂性。模糊推理通过将模糊信息纳入计算过程，能够在面对模糊边界和动态变化时，提供更为合理的推理结果。尤其在面对不可控的因素时，模糊推理能够避免过于死板的计算限制，帮助决策者在知识不完全的条件下作出更为精准的判断。因此，模糊推理不仅为处理复杂系统提供了一种新的思路，也为多种现实世界问题的解决提供了理论支持与实践指导。

（二）知识推理在人工智能中的应用

随着人工智能（AI）技术的迅速发展，知识推理在各个领域中的应用变得越来越重要。知识推理不仅是智能系统执行任务的核心部分之一，而且对提升 AI 的推理能力、决策质量和理解能力起着至关重要的作用。

1. 专家系统中的知识推理

专家系统的核心功能是模拟人类专家在某一特定领域的推理过程。专家系统通过将领域专家的知识编码成规则，并结合推理机制，来解决问题和作出决策。知识推理在专家系统中扮演着至关重要的角色，因为它帮助系统从已知的知识库中推导出新的知识，并将这些知识应用于实际问题的解决中。

专家系统中的推理过程通常采用以规则为基础的推理方法，其中包括前向推理和后向推理。前向推理是从已有的事实或知识出发，通过应用规则逐步推导出结论；而后向推理则是从目标或假设出发，通过逆向推理逐步确定支持该目标的事实或条件。专家系统利用这些推理方法，能够在知识库中寻找最匹配的规则，并基于此进行推理，最终生成适用于特定场景的解决方案。例如，在医疗诊断专家系统中，知识库中存储了大量的医学知识，如疾病症状、病理分析、治疗方法等。当系统接收到用户输入的症状时，推理机制将这些症状与知识库中的规则进行匹配，从而推断出可能的疾病及其治疗方案。专家系统的知识推理能力决定了其在复杂问题中的应用效果，尤其是在医疗、法律、金融等专业领域的应用。

2. 自然语言处理中的知识推理

自然语言处理（NLP）是人工智能的一个重要研究方向，旨在使计算机能够理解、解释和生成自然语言。知识推理在自然语言处理中的应用，主要体现在语义理解、问答系统、机器翻译和文本生成等任务中。推理机制通过对自然语言中的隐含意义进行推导，使得计算机能够更加准确地处理语言中的歧义、模糊性以及复杂的语境关系。

在 NLP 中，知识推理通常涉及两种类型：基于规则的推理和基于统计的推理。基于规则的推理通过一系列预定义的规则和逻辑关系推导出文本的语义。而基于统计的推理则通过对大规模语料库的学习和统计分析，发现文本中的潜在模式，并据此推导出合适的语义理解。例如，在自动问答系统中，推理能够帮助系统从知识库中获取相关的信息，并在此基础上生成符合用户需求的答案。问答系统不仅需要从大量的信息中提取出事实，还需要根据上下文推理出用户真正的意图。这种推理过程是复杂的，需要考虑语言的多义性、上下文信息以及词汇间的关系。通过推理，系统能够从结构化或非结构化的文本中挖掘出有价值的信息，进而生成更加精准的回答。

在机器翻译中，推理能够帮助系统更好地处理语言之间的差异，特别是对于一些具有多重语义或复杂语法结构的句子，推理机制能够帮助系统理解原文的深层次意义，从而生成更为自然和流畅的翻译结果。

3. 机器学习与知识推理的结合

机器学习与知识推理的结合代表了人工智能领域中两个重要技术的融合，其目的在于充分发挥两者各自的优势，提升智能系统的推理能力和学习效率。机器学习，作为一种基于数据驱动的方法，主要依赖大量数据进行模式识别和规律发现，而推理则强调基于知识和规则的逻辑推导。两者的结合不仅能够补充各自的不足，还能够通过相互增强，为复杂问题的解决提供更加高效和精确的方案。机器学习通过算法从大量数据中学习到特征和模式，而这种学习方式通常是通过数学模型、统计分析或深度神经网络来实现的。推理方法则有所不同，它通过已知的知识、规则和逻辑关系进行系统性推导，能够从已有的信息中推断出新的结论或预测未来的结果。推理过程更强调知识的解释性和可追溯性，能够帮助系统清晰地表达其决策依据。然而，推理依赖于知识的全面性与精确性，这使得其在面对复杂、动态且变化迅速的现实世界问题时，可能缺乏足够的适应性和灵活性。

将机器学习与推理结合，能够在一定程度上弥补各自的不足。一方面，机器学习为推理提供了数据驱动的支持，使得推理系统能够从大量数据中获取更加精准的信息，并在此基础上进行更加智能的推导。另一方面，推理机制则为机器学习提供了语义层面的解释，使得学习到的模式和规律不仅仅是黑箱模型，而能够通过逻辑推理进行验证和解释。这种结合方法能够大大提升系统在面对不确定性和复杂任务时的应对能力。例如，在复杂的决策过程中，机器学习可以通过对历史数据的分析，生成适应当前情境的模型，而推理则通过对这些模型的解释，帮助系统理解不同决策的潜在后果及其原因。结合推理与机器学习的系统不仅能做出预测，还能提供具体的决策路径和应对策略，从而在不确定性较高的环境中，做出更加精准和可靠的决策。

4. 知识推理在决策支持系统中的应用

决策支持系统（DSS）是帮助决策者在复杂、多变的环境中做出合理决策的计算机系统。知识推理技术在DSS中的应用，能够为决策者提供更加智能化、准确的决策支持。尤其是在面对海量数据、复杂情境和多种选择的情况下，推理能够帮助决策者从众多备选方案中选出最优解。在DSS中，推理机制通常结合了专家系统和数据分析技术，通过对数据的推理处理，帮助决策者发现隐藏的模式和趋势。例如，在金融领域，DSS可以结合市场数据、宏观经济指标等信息，通过推理分析预测市场走势，从而为投资决策提供支持。在医疗领域，DSS可以通过推理帮助医生诊断疾病，提供个性化治疗方案。

在DSS中，推理还可以帮助决策者模拟不同决策方案的结果，通过分析不同方案在未来可能带来的影响，从而选择最具优势的方案。这种推理能力使得DSS能够在不确定的环境下，基于现有的数据和知识做出合理的预测和判断。

在实际应用中，DSS的推理能力不仅限于提供最优解，还可以提供决策过程中的可解释性，帮助决策者理解决策背后的依据，从而提高决策的透明度和信任度。

第三节　知识库与知识搜索技术

一、知识库

知识是人工智能研究、开发、应用的基础，在任何涉及人工智能之处都需要大量的知识，为便于知识的使用，需要有一个组织、管理知识的机构，它即是知识库。知识搜索是下一代搜索引擎的关键技术，而知识库则是这项技术的核心[1]。

（一）知识库的性质

知识库作为人工智能和知识管理中的核心组成部分，其性质是理解其功能和应用的基础。为了深入探讨知识库的性质，可以从多个维度对其进行分析。

---

[1] 申畯，冯园园，张洁雪，等. 知识搜索中的知识库建设问题研究［J］. 情报杂志，2015，34（10）：129-133.

这些维度不仅帮助我们从不同角度认识知识库的特点，还能指导如何在实际应用中高效地设计和运用知识库系统。以下将从时间、使用范围、数量和处理四个角度，全面分析知识库的性质。

1. 时间角度

从时间角度来看，知识的性质可以分为挥发性知识与持久性知识。挥发性知识是指那些具有时效性和易变性的知识，它们通常在短时间内具有重要价值，但随着时间推移，其应用价值会迅速衰减。例如，某些即时新闻事件、市场动向或技术趋势，虽然在短期内至关重要，但随着时间的推移，便失去其参考意义。挥发性知识通常需要通过快速更新和替换来维持其在知识库中的有效性。

相比之下，持久性知识则具有较长的保存期，并且其价值能够长时间维持。这类知识通常涉及基本的规律、理论以及经验等，它们具有普遍性和跨时效的适用性。例如，物理学定律、数学公式、历史事件等，往往能长期保存并持续对各类应用提供支持。在知识库的设计和管理中，如何区分挥发性与持久性知识，并采用不同的存储和更新策略，是确保知识库高效运作的关键。对于挥发性知识，系统应具备及时更新的能力，而对于持久性知识，则应注重知识的准确性和长期可访问性。

2. 使用范围

从使用范围的广度看，知识可分为私有知识与共享知识。私有知识是指仅为某个特定应用或用户群体所使用的知识，它的存储和管理通常具有较高的专用性。例如，一些企业的内部操作流程、特定行业的专业技术或者个体研究者的创新成果往往属于私有知识。这类知识的特点是具有较强的局部性，只有在特定环境下才能展现其价值。

共享知识是可以被多个应用或用户群体共享和利用的知识。共享知识的范围较广，通常具有更强的普适性和通用性。它能够服务于多种需求和场景，成为不同领域或行业之间的共同资源。例如，开放的在线百科、学术论文数据库、行业标准化文献等，均属于共享知识。共享知识的管理不仅需要考虑知识的普适性，还需要确保其在多种场景下的适应性和易获取性。对于知识库而言，如何平衡私有知识与共享知识的存储与应用，是优化知识库设计的重要一环。

3. 数量角度

从数量角度来看，知识的量是衡量知识库规模和复杂度的重要标准。随着信息技术的发展，知识库的规模呈现出多层次的特点，从小规模知识到大数据知识，呈现出逐步递增的趋势。具体来说，知识可以分为小规模知识、大规模数据、超大规模知识、海量知识和大数据知识等不同级别。

① 小规模知识。小规模知识通常指的是知识量较小、结构简单、易于管理和应用的知识。在这一层次上，知识不需要复杂的管理机制和存储策略，适用于较为简单的应用场景。此类知识的特点是易于存储和处理，且不易产生管理上的负担。

② 大规模数据与超大规模知识。随着信息的快速积累和数据量的不断增大，知识库进入了大规模数据阶段。此时，知识库不仅需要管理庞大的数据量，还需要高效的检索和分析机制。而当数据规模进一步增大时，超大规模知识库开始面临分布式存储、并行处理以及复杂的计算需求。

③ 海量知识与大数据知识。海量知识和大数据知识是当今知识库面临的最大挑战。它们不仅包含了大量的数据点，还涉及多样化的结构和类型，需要通过分布式系统、云计算等技术来进行高效管理。这类知识库通常涉及的领域广泛，信息来源丰富，对数据处理和知识更新的速度要求非常高。

4. 处理角度

从处理角度看，知识可以分为直接知识与间接知识。直接知识是指通过实践直接获得的知识，它通常来源于经验、实验或观察，具有较强的即时性和实践性。例如，某个实验的结果、实际操作中的经验等，都是直接知识。这类知识通常通过个体或团队的实践积累而成，能够直接反映出现实世界的规律和特征。间接知识则是通过推理、分析和加工等方式，由直接知识推导出来的知识。它通常通过总结、归纳、演绎等方式得到，具有一定的抽象性和复杂性。间接知识的形成过程通常需要更高的认知能力和知识组织能力。它不单纯依赖于实践经验，而是在已有知识的基础上进行推理和扩展得到的。例如，基于直接经验获得的规律，经过抽象和总结，可以形成理论或模型，这些都属于间接知识。

在知识库的设计中，直接知识和间接知识的处理方式有所不同。直接知识往往以具体事实或数据的形式存在，易于存储和检索；而间接知识则需要通过推理引擎、规则库等方式进行处理和推导。因此，如何在知识库中有效地组织和管理直接与间接知识，成为优化知识库设计和提高系统推理能力的重要课题。

（二）知识库管理

知识库管理涵盖了知识的存储、组织、获取与应用等多个方面。其核心目的是通过有效的方式使得知识能够被系统化地存储，并在需要时快速、高效地被检索与应用。知识库管理不仅仅依赖于先进的计算机技术和软件系统，更需要具备专业知识的人员参与到知识的创建、录入、更新与维护工作中，形成一个完善的管理体系。

知识库管理系统作为实现知识存储与管理的工具，承担着数据整合、信息分类和检索的重任。它通过数据库、人工智能技术等手段，确保知识在被录入后能够准确地分类与归档，同时支持高效的查询和信息检索功能，使得用户能够根据需求获取相关知识。此类系统不仅仅是被动的信息存储工具，更是智能化的应用平台，能够通过算法优化知识的组织方式，提高知识的使用效率和适用性。

知识库管理的成功离不开专业人员的参与。知识工程师在整个管理流程中起到了至关重要的作用，他们不仅负责日常知识的采集、验证与录入，还需要定期对知识库进行更新与维护，确保其中的知识内容始终处于最新状态。此外，知识工程师还需要通过评估与分析，发现知识库中潜在的知识空白或冗余内容，进一步优化知识管理流程。

知识库管理是多维度、多环节的系统工程，涉及计算机技术的应用、专业人员的参与以及有效管理机制的建设。随着信息化水平的不断提高，知识库管理体系在各类企业和科研机构中的应用愈加广泛，其管理模式和技术体系将不断发展与完善，成为推动知识创新和提升组织效能的重要基础。

二、知识搜索技术

搜索方法可以分为盲目搜索和启发式搜索。

（一）盲目搜索

盲目搜索策略作为一种基础的搜索方法，其特点是其搜索路径在执行前已经被预先设定，无须依赖问题的具体特点或领域知识进行动态调整。这类策略的核心在于搜索的顺序完全由算法的设计决定，而不考虑当前状态的特征，因此其属于“确定性”的搜索方法。常见的盲目搜索策略主要包括广度优先搜索（BFS）和深度优先搜索（DFS）两种，它们在处理状态空间时各有不同的特点与优劣。

① 广度优先搜索（BFS）。BFS 从初始状态出发，按层次逐层扩展，确保先扩展根结点的所有子结点，再逐层深入，这种方式能够保证最短路径的求解，因其首先遍历距离初始状态最近的结点。BFS 通过将所有已生成的结点按层次排队，逐一扩展，使得每次扩展都是在距离根结点较近的区域进行。这种策略的一个显著优势是能够确保找到问题的最优解，即最短路径解。其显著的缺陷在于扩展节点的顺序固定且具有系统性，尤其在搜索空间较为庞大时，BFS 可能会生成大量无关节点，导致计算量迅速增加，严重时可能出现组合爆炸的现象，使其在实际应用中的效率受到较大制约。

② 深度优先搜索（DFS）。DFS 采取的策略是沿着一条路径进行深度优先扩展，直至达到无解的结点或目标结点为止。若路径达到死胡同，算法会回溯至前一层结点，选择其他未探索的路径继续搜索。与 BFS 不同，DFS 的扩展过程较为灵活，具有更强的探索性，能够快速深入到搜索树的深层部分。然而，由于该算法并不保证最短路径的发现，它可能在某些情况下产生较为冗长的路径，甚至有陷入死循环的风险，尤其是在状态空间巨大且路径复杂的情况下。

从本质上讲，BFS 与 DFS 的差异体现在其扩展结点的顺序上。BFS 在处理树形结构时，其广度优先的方式能确保所有目标路径的短期找到，但面临空间和时间上的开销较大。而 DFS 则优先深度扩展，适用于需要探索较深层次解的情况，但缺乏路径优化的保证，易导致效率低下和结果不准确。总体而言，盲目搜索策略尽管能够在结构简单的问题上有效运行，但面对复杂问题时，因其盲目的扩展方式和高昂的计算成本，往往需要其他启发式或优化策略的配合，以提高搜索效率和结果的准确性。

（二）启发式搜索

启发式搜索作为一种高效的搜索策略，通过对结点的特征信息进行精确评估，引导搜索过程沿着最有可能达到目标的方向前进，从而有效减少盲目性搜索的低效问题。在传统的盲目式搜索中，算法通常采用固定的搜索模式，遍历整个问题空间，生成大量的无用结点，且搜索范围较大，导致计算效率低下。而启发式搜索通过引入评估机制，有目的地确定待扩展结点的优先级，从而显著提升了搜索效率。其关键在于利用问题的特征信息对结点进行有效评估，以预测并引导搜索朝着目标区域进行，最终缩小搜索空间，节省计算资源。

1. 评估函数

评估函数通过为每个待扩展的结点赋予一个数值，来估算该结点到目标结点的预期代价或距离，进而为搜索策略提供依据。这一数值通常考虑多个维度的因素，如路径长度、资源消耗、时间开销等，这些因素的权重和具体形式根据问题的特点而有所不同。评估函数不仅为每个结点赋予了优先级，也在很大程度上决定了搜索的方向性，使得算法能够避免盲目无序地遍历整个搜索空间，聚焦于最有可能到达目标的结点。

评估函数的设计是启发式搜索算法中最为复杂且关键的部分，其设置不仅需要考虑问题的具体背景，还涉及对问题本质的深刻理解。评估函数的精确性和合理性取决于如何对问题的语义特征进行建模。这些语义信息通常包括从当前结点到目标结点的实际代价预估，以及可能涉及的约束条件或优化目标。评估函数设计中的主观性使得它既富有灵活性，又面临一定的挑战。对于同一问题，不同的评估函数设计可能导致截然不同的搜索效果，即使使用相同的算法，不同的函数可能会让搜索策略偏向不同的解空间。这表明，评估函数的设计不仅仅是算法实现的问题，更涉及对问题特性和目标的深入理解和判断。

2. 启发信息

启发信息指的是在问题求解过程中帮助搜索过程朝向最有可能成功的方向前进的控制信息。具体而言，启发信息通常包含三类内容：首先是帮助确定扩展结点的有效信息，这可以避免扩展那些明显不利的结点；其次是指导哪些后继结点应被生成，进一步限制搜索空间；最后，启发信息还可以决定哪些结点在扩展过程中应被从搜索树中删除，从而避免冗余的计算。这些启发信息不仅提高了搜索的效率，也提高了搜索的精确度，尤其是在搜索空间较大时，启发信息的引导作用尤为重要。启发信息的质量与启发式搜索的性能密切相关，启发信息越有效，搜索过程中无用结点的扩展就越少，搜索效率也就越高。

3. A 算法

A 算法结合了评估函数和搜索过程的启发信息，逐步选择优先扩展代价最小的结点进行搜索，直到找到目标结点。具体来说，A 算法通过计算每个结点的评估函数值，确定哪个结点最可能接近目标，进而引导搜索朝着这一方向进行。评估函数由两部分组成：一方面考虑从初始结点到当前结点的已知代价；另一方面结合启发式信息评估当前结点到目标的预估代价。通过这两部分信息的结合，A 算法能够平衡搜索的全局视野与局部探索的深度，使得搜索过程更加精确和高效。特别是在复杂的图形或路径搜索问题中，A 算法能够有效减少无用结点的扩展，提高搜索的速度和精度。

第四节　机器学习与自然语言处理

一、机器学习

机器学习是人工智能的一个分支，它使计算机能够通过经验进行自动学习和改进，而无需明确的编程指令。机器学习的核心思想是通过数据驱动的方法，利用算法来提取数据中的模式和规律，从而做出预测或决策。随着计算机硬件和存储能力的迅速发展，机器学习的应用范围逐渐扩展到各个领域，包括医学、金融、交通、娱乐等。机器学习的目标是通过从历史数据中学习，建立一个模型，以便将来能够根据新的输入数据进行合理的推断和预测。

（一）机器学习概述

机器学习的概念源于人类学习的过程。在人类社会中，学习是一种获得知识和经验的方式，是通过感知、思考和归纳等手段理解世界并从中汲取经验的过程。而机器学习正是试图通过计算机系统模拟这一过程，使机器能够“自我学习”并在此过程中逐步改进其功能和行为。机器学习的过程不仅涉及数据的采集、处理和模型的构建，还包括对学习成果的验证和评估。

1. 机器学习的结构模型

机器学习的结构模型可以从两个方面来进行分析：计算机系统内部与计算机系统外部。

（1）计算机系统内部的学习系统

学习系统是机器学习的核心部分，是通过计算机系统进行运作的。它主要由三个关键部分组成：样本数据、机器建模，以及学习模型。

① 样本数据。在机器学习过程中，数据是学习的核心元素。计算机通过从外部世界获取数据，并对这些数据进行处理和分析，从中提取出有价值的信息。样本数据必须具备一定的结构性，并且数据量要足够大且具备高质量，这样才能提高学习模型的准确性。数据的正确性和代表性对于机器学习的效果至关重要。样本数据通常是通过感知器从外部环境获取的。

② 机器建模。机器建模是机器学习过程中的重要环节。在这一环节中，

计算机通过一定的算法对样本数据进行处理和学习。机器建模的目标是通过对大量数据的统计性计算，构建出一个能够反映数据内在规律的数学模型。机器建模的过程通常需要借助各种学习算法，例如监督学习算法、无监督学习算法、强化学习算法等，根据问题的性质和数据的特征选择合适的模型进行学习。

③ 学习模型。学习模型是机器学习的最终产物，它是计算机从样本数据中提取出来的知识模型。通过机器建模的学习过程，计算机可以从输入的样本数据中获得规律性的信息，并生成一个能用于预测或分类的模型。学习模型能够根据新的输入数据进行决策和预测，从而实现对未知数据的有效处理。

（2）计算机系统外部的学习对象

学习系统的外部世界是其学习的对象，计算机学习过程的成功与否，与外部世界的环境和感知器的设计密切相关。

① 环境。在机器学习的结构模型中，环境指的是外部世界的实体，它是计算机获取知识的基本来源。环境包含了多种不同的实体和信息源，这些信息是计算机能够进行学习的基础。环境中的数据可以是文字、声音、图像、视频等各种形式的实体信息，它们构成了机器学习的输入数据。

② 感知器。感知器是连接外部环境和计算机系统的桥梁。它的主要功能是将外部环境中的数据转换为机器学习系统能够理解的格式。这些数据形式可以有各种不同，包括声音、图像、文字等。感知器需要将这些不同的数据形式转化为计算机可以处理的结构化数据，通常通过传感器或数据转换器来完成。例如，声音可以通过麦克风转化为数字信号，图像可以通过相机捕捉并转化为像素数据。这些数据随后进入计算机系统，作为样本数据提供给机器学习算法进行处理。

2. 机器学习的方法

机器学习的基本理念是通过计算机系统的支持，在大量样本数据的基础上，通过机器建模过程，获得一个能够进行预测、分类、决策等任务的学习模型。机器学习是一种基于数据训练的自我学习过程。在机器学习的过程中，样本数据和机器建模是两个关键要素，它们相辅相成，共同构成了机器学习的基本框架。

（1）样本数据

在机器学习中，样本数据是训练模型的核心基础。样本数据通常是从现实世界中获取的，经过一定的结构化处理后，形成可以在计算机中进行分析和学习的数据集。每个样本由多个属性组成，属性描述了样本的某种固有特性。在机器学习的建模过程中，样本数据起到了至关重要的作用，样本的数量和质量直接影响着模型的性能。样本数据一般由两类属性组成：训练属性和标号属性。

① 训练属性。训练属性也称为输入属性，是描述样本的特征数据。在模型训练过程中，计算机通过学习训练属性与标号属性之间的关系来构建预测模型。例如，在房价预测模型中，训练属性可能包括房屋的面积、卧室数量、地理位置等信息。

② 标号属性。标号属性，也称为输出属性或目标属性，是样本的最终目标或预测结果。标号属性是机器学习模型的学习目标，计算机通过训练模型来预测标号属性。例如，在房价预测模型中，标号属性就是房屋的实际价格。

（2）机器建模

根据训练样本的数据类型和建模目标，机器学习可以分为以下三种主要类型：监督学习、无监督学习和半监督学习。

① 监督学习。由带标号样本训练模型的学习方法称为监督学习。其在训练前已知输入和相应输出，其任务是建立一个由输入映射到输出的模型。这种模型在训练前已有一个带初始参数值的模型框架，通过训练不断调整其参数值，这种训练的样本需要足够多才能使参数值逐渐收敛，直到达到稳定的值。这是一种最为有效的学习方法，目前使用也最为普遍，这种学习方法目前常用于分类分析，因此又称分类器。但是带标号样本数据的搜集与获取比较困难，这是它的不足之处。

② 无监督学习。由不带标号样本训练模型的学习方法称为无监督学习。其在训练前仅已知供训练的不带标号样本，其后期的模型是通过建模过程中算法的不断自我调节、自我更新与自我完善而逐步形成的。这种训练的样本也需要足够多才能使模型逐渐稳定。对于这种学习方法，目前常用的有关联规则方法、聚类分析方法等。无监督学习的样本较易获得，但所得到的模型规范性不足。

③ 半监督学习。半监督学习又称混合监督学习，先用少量带标号样本数据做训练，接下来即可用大量的不带标号样本训练，这样做既可避免带标号样本难以取得的缺点，也可避免最终模型规范性不足的缺点。这是一种典型的半监督学习方法。此外，还有一些非典型的半监督学习方法，又称弱监督学习方法。

（二）人工神经网络

人工神经网络是一种模仿人脑神经网络结构和功能的信息处理系统，是一种分布式并行处理信息的抽象数学模型，现已在许多科学领域得以成功应用[1]。人工神经网络分为三部分：基本人工神经元模型、基本人工神经网络及其结构和人工神经网络的学习机理。

1. 基本人工神经元模型

在人工神经网络中其基本单位是人工神经元，人工神经元有多种模型，但是有一种基本模型最为常见，称为基本人工神经元模型（或简称为神经元模型），这是一种规范的模型，可用数学形式表示。根据基本人工神经元模型，一个人工神经元一般由输入、输出及内部结构三部分组成。

① 输入。每个神经元通过多个输入接收外部信息，这些输入可以来自网络中其他神经元的输出或外部数据源。每个输入信号都伴随着一个权重值，权重决定了信号的强度和其在计算中的影响力。权重值的范围通常是有界的，可以是正值或负值，反映了不同输入信号的不同重要性或关联性。权重是神经元学习过程中的重要参数，其调整过程直接关系到神经网络模型的训练效果和性能。

② 输出。神经元的输出通常通过连接线传递到其他神经元作为输入信号，形成复杂的网络结构。这一输出不仅是单个神经元处理结果的体现，更是网络中信号传播和信息交换的基础。输出的值可能经过多次转换和传播，最终为整个神经网络的决策和预测提供依据。

③ 内部结构。神经元的内部结构决定了输入信号的处理方式。内部处理通过加法器完成，即将多个输入信号与相应的权重进行加权和，从而生成一个线性组合的结果。这一加权和结果代表了所有输入信号通过其各自权重的加权影响力。为了确保神经元能够应对外部环境中的扰动或误差，偏差项被引入到计算过程中。偏差项有助于调整神经元的输出，使其在面对不同的输入时保持灵活性，并减少模型的偏差，进一步提高网络的拟合能力。该偏差项通常与加法器的输出一起，作为神经元的输入进入激活函数处理阶段。

2. 基本人工神经网络及其结构

在神经网络的构建中，基本人工神经网络常被用作模型的基础形式，它为

---

[1] 王良玉，张明林，祝洪涛，等. 人工神经网络及其在地学中的应用综述［J］. 世界核地质科学，2021，38（1）：15-26.

理解复杂的神经网络架构提供了理论框架。人工神经网络的设计和结构在多层次和复杂度上有着不同的分类，基本网络和深层网络是其中的主要区分方式。基本人工神经网络，作为最简单的网络形式，主要体现在其简单的层次结构和相对直接的信息处理流程。

基本人工神经网络的核心单元是神经元，这些神经元通过不同的连接构成了整个网络结构。神经元之间的连接通过加权值来控制信号的传递与强度，权重在网络的训练过程中进行不断的调整，以优化网络的性能。网络的基本结构可以分为输入层、隐藏层以及输出层，其中输入层负责接收外部输入，输出层则给出最终的输出结果。隐藏层是神经网络中的计算层，它决定了网络的学习和表示能力。

在基本人工神经网络中，常见的结构包括单层感知器、双层感知器以及三层感知器等，这些结构根据神经元的层次划分方式有所不同。单层感知器结构较为简单，通常只有一个输入层和一个输出层，其网络结构在处理线性可分问题时表现良好。单层感知器在处理更为复杂的非线性问题时，能力受到限制，因此对于更复杂的任务，通常需要采用包含隐藏层的结构，如双层感知器或三层感知器结构。双层感知器增加了一个隐藏层，通过增加隐藏层，网络能够处理更复杂的非线性问题。隐藏层的引入使得网络能够学习和表示更复杂的输入输出映射关系。三层感知器进一步增加了网络的深度和表现能力，可以在更复杂的任务中发挥更大的作用。随着神经网络层数的增加，网络的表达能力和计算复杂度也随之增加，因此三层感知器及以上结构常用于处理具有高复杂度的任务。

基本人工神经网络的构建不仅仅依赖于神经元层次结构的设计，还包括了网络训练过程中的权重调整。网络训练的目标是通过反向传播算法或其他优化算法调整权重，使得网络的输出尽可能接近期望值。通过这种训练过程，网络可以逐步逼近理想的输出，从而能够处理更复杂、更高维度的问题。基本人工神经网络作为人工智能领域中的基础构件，为深度学习和复杂神经网络的进一步发展奠定了坚实的理论和结构基础。

3. 人工神经网络的学习机理

人工神经网络的学习机理构成了其运作的核心，通过不断调整网络中的权重和偏差，神经网络能够逐步减少误差并最终形成一个具有实际应用价值的模型。网络学习的过程通常从一个带标签的样本集开始，样本集为神经网络的训练提供了数据支持。每个数据样本包含输入数据和对应的期望输出结果，这些样本反映了实际世界中的因果关系。通过对这些数据样本的不断学习，人工神经网络能够调整其内部参数，特别是神经元之间连接的权值，使得网络输出逐渐趋近于真实的期望输出。

学习过程的关键在于误差的反向传播和权值的逐步调整。在训练过程中，神经网络首先接收输入数据并产生相应的输出，将这一输出与样本中的真实输出进行对比，从而得到误差。为了缩小这一误差，网络利用特定的学习算法，通常是基于梯度下降的方法，通过反向传播算法对权重进行调整。这一过程在网络的每一层之间进行，以确保各个层的输出结果逐步逼近目标值。每一次的权重调整都有助于减少训练误差，从而推动网络向理想状态逼近。

人工神经网络的学习机理不仅依赖于误差的反馈机制，还包括了学习算法的选择和训练策略的优化。具体来说，训练过程通过不断地修正连接权重（包括偏差项），使得网络输出与真实输出之间的误差逐渐减小。权值的调整是通过迭代的方式完成的，每一轮迭代后，网络输出的准确度有所提高，权重逐步趋于稳定，最终达到权值的收敛。通过这种训练机制，神经网络能够从输入数据中提取出潜在的规律，形成一个具有归纳和推理能力的模型。

经过充分训练后，人工神经网络不仅能够处理输入数据并产生对应的输出，还能够根据学习到的模式进行新的预测和分类任务。网络通过将学习过程中的经验固化为一套内部模型，能够在面对新的、未见过的数据时，依据先前学习的知识做出合理的判断。这样的学习模型不仅体现了网络对已知样本的适应性，也展示了其在未知情况下的推理和泛化能力。

二、自然语言处理

人类所使用的语言称为自然语言，这是相对于人工语言而言的。人工语言即计算机语言、世界语等。自然语言是人类智能中思维活动的主要表现形式，人工智能中模拟人类智能的一种重要应用，称为自然语言处理。

（一）自然语言理解

1. 自然语言理解的原理

自然语言理解的原理主要关注如何使计算机能够准确地解析和理解人类语言中的信息，尤其是汉语文本中的语言结构与语义内涵。在自然语言理解的过程中，核心任务是将输入的汉字串转化为具有明确语法结构与语义内涵的知识模型。这一过程的复杂性来自汉语的多义性和上下文的依赖性。由于同一汉字串在不同语境下可能具有不同的含义，因此，理解过程往往不仅依赖于字面上的信息，还需要结合上下文和具体的应用场景。理解一个汉字串的过程必须考虑其所处的语境和背景，才能在不同场景中准确地推断出其含义。在这一过程中，上下文信息起着至关重要的作用，它能够帮助计算机从多个可能的解释中选择出最合适的理解。

自然语言理解并非仅仅依赖于语言本身的结构，还涉及大量的外部知识。许多语言现象和词汇的意义需要结合人类的常识或领域特定的知识进行解释。这些知识可以分为显式知识和隐式知识，其中显式知识通常可以通过标准化的方式表示，而隐式知识则需要通过学习和推理来获得。在自然语言理解的过程中，计算机不仅要解析语言的语法和语义，还需要利用人工智能技术来进行知识的推理和补充。

自然语言理解通常需要借助人工智能的多种技术。特别是知识表示和知识推理技术，它们使得计算机能够在理解文本时调用并应用不同的背景知识。与此同时，知识库的构建和知识获取过程也对自然语言理解至关重要，它们提供了计算机理解语句的知识基础和推理框架。当前，机器学习和深度学习方法的应用进一步提升了自然语言理解的能力，尤其是在处理大量语言数据和复杂语义关系时，深度学习技术通过模拟神经网络的多层结构，能够自动从数据中学习语言模式，从而增强了计算机对自然语言的处理能力。

2. 自然语言理解的实施

（1）词法分析

词法分析作为自然语言理解的重要组成部分，主要包含分词和词性标注两个环节。

分词技术旨在识别文本中的单词边界，并将连续的汉字串切分为具有独立意义的词。中文分词不仅涉及语言的结构特点，还受到语境和应用场景的影响，因此，分词技术的选择和应用必须灵活多样。常见的分词方法主要包括基于词典的分词方法、基于字序列标注的分词方法以及基于深度学习的分词方法。分词技术能更好地处理未登录词和语境变化，能够较为准确地切分句子中的词语。近年来，深度学习方法的应用为分词技术带来了新的机遇。通过将文本向量化，深度学习能够自动从大量数据中学习到词语的分布特征，并通过多层神经网络进行非线性映射，从而更精准地进行分词。这种方法的优势在于其能够考虑长距离的上下文信息，有效避免了传统方法的局限性，尤其在复杂文本和大规模语料中具有更强的适应性和准确性。

词性标注是对切分后的词进行分类，赋予每个词一个特定的词性标签，如名词、动词、形容词等。词性标注在中文处理中面临的难点在于中文词汇的多义性与兼类现象，即同一个词可能在不同语境下承担不同的词性。例如，“行”字在“行走”中是动词，而在“银行”中则是名词。此外，由于中文缺乏形态变化，无法通过词形的变化来直接判断词性，因此，词性标注不仅要依赖于上下文信息，还要考虑语义的变化。

（2）句法分析

句法分析的目标是对经过词法分析的词串进行深层次的结构化处理，旨在揭示句子内各词语或短语之间的关系及其语法功能。这一过程通过构建层次化的句法分析树来表达句子的内部结构，其中，树的节点代表句子中的词汇或短语，而树的结构则体现了句子成分之间的依赖关系与层次结构。这一分析不仅有助于对句子进行语法化的理解，还能为后续的语义分析提供结构支持。句法分析通常采用两种方法：基于规则的方法和基于学习的方法。

基于规则的方法主要依赖于语言学理论中已建立的固定语法规则。这些规则一般源自于诸如短语结构文法和乔姆斯基文法等理论框架，通过系统地制定规则来指导句子的分析过程。通过对规则的推理和应用，句法分析器能够逐步构建出句子内部的层级结构，分析并表示出句子各部分之间的从属关系。尽管这一方法在初期阶段取得了一定的成功，但它的局限性逐渐显现，尤其是在处理复杂或不规则句子时，固定规则的适用性和灵活性会受到限制。语言的多样性和歧义性使得基于规则的句法分析方法难以应对各种语言现象的复杂性。

基于学习的方法主要依赖机器学习技术来进行句法分析。与基于规则的方法不同，基于学习的句法分析方法不依赖于固定规则，而是通过对大量语言数据的学习，自动识别并构建句法结构。通过机器学习算法，尤其是深度学习技术，系统能够从大量的标注语料中学习到句子的语法结构和成分间的依赖关系，从而更好地应对语言的多样性和复杂性。这一方法不仅提高了句法分析的准确性，还增强了系统在处理语法不规则性方面的能力。基于学习的句法分析方法的核心优势在于其灵活性和适应性，能够根据具体的语言环境自动调整分析策略，从而对不同类型的句子进行有效处理。这使得该方法在自然语言处理的实际应用中，特别是在机器翻译、自动问答以及信息抽取等领域，展现出了巨大的潜力。

（3）语义分析

语义分析指运用机器学习方法，学习与理解一段文本所表示的语义内容，通常由词、句子和段落构成，根据理解对象的语言单位不同，又可进一步分解为词汇级语义分析、句子级语义分析以及篇章级语义分析。词汇级语义分析关注的是如何获取或区别单词的语义，句子级语义分析则试图分析整个句子所表达的语义，而篇章级语义分析旨在研究自然语言文本的内在结构并理解文本单元（可以是句子、从句或段落）间的语义关系。

（二）自然语言生成

自然语言生成是人工智能领域中的一项关键技术，它涉及将计算机内部的思维意图通过知识模型的构建和转换，生成易使人类理解的自然语言文本。自然语言生成的目标是使机器能够自动产生富有逻辑性、条理清晰且符合人类语言习惯的文本。与之相关的技术不仅在自然语言处理领域中占据重要地位，而且在自动化报告生成、智能客服、个性化推荐等多个应用中有着广泛的应用。自然语言生成的过程主要有内容规划、句子规划和句子实现这三个主要部分。

1. 内容规划

内容规划是自然语言生成中的第一步，是整个生成过程的基础。它的主要任务是根据计算机中的思维意图，借助人工智能中的知识模型，将这些意图转化为结构化的文本内容。内容规划可以分为两个主要部分：内容确定和结构构造。

① 内容确定。内容确定的目标是通过对信息源的分析，确定文本生成的主要话题、重点和目标。例如，在自动报告生成中，内容确定阶段将根据数据输入和任务要求，选择适当的报告主题，确定报告中的关键信息，进而为后续的文本生成打下基础。

② 结构构造。结构构造是将已经确定的内容进行组织和结构化处理。这一过程的关键是构建知识模型，即将内容按逻辑块进行组织，并决定这些信息块之间的连接方式。具体来说，结构构造需要根据语篇逻辑和修辞规范，将各个信息块按照一定的结构顺序排列，确保生成的文本在内容和逻辑上流畅并符合阅读习惯。在结构构造过程中，还需要考虑文本的连贯性和层次性，确保内容的呈现不仅信息全面，而且清晰易懂。

2. 句子规划

在完成内容规划后，接下来就是进行句子规划。句子规划的任务是基于内容规划结果，进一步细化文本的构成，确保生成的句子在语言和结构上都符合规范。句子规划的主要工作包括：选词、优化聚合以及指代表达式生成。

① 选词。选词要求根据上下文语境、目标受众和交互需求选择合适的词

语。选词的目的是确保所选用的词汇能够准确表达预定的语义，并与句子的整体风格、语气和语境保持一致。在实际操作中，选词不仅仅是简单的词汇替换，还涉及对句子结构、时态、语法规则等方面的综合考虑。

② 优化聚合。选词之后是对选定的词汇进行优化聚合，形成初步的句子结构。这一阶段需要通过语法规则的指引，使句子的结构更加符合语言习惯。优化聚合的过程不仅涉及词汇的组合，还包括语法结构的调整和句子成分的有序排列。例如，在具有多重修饰语或并列结构的情况下，确保句子的清晰和表达的简洁性，就是优化聚合的重要任务。

③ 指代表达式生成。指代表达式生成涉及如何使用适当的代词或指代词来代替已知信息，以增加语言的流畅性和可读性。这一阶段的目标是确保文本中的信息能够清晰地被指代和衔接，从而避免重复和语言冗余。合理的指代表达不仅能提升文本的可读性，还能使生成的内容在逻辑上更加连贯和流畅。

3. 句子实现

句子实现是自然语言生成的最后一个阶段，其任务是将已经规划好的句子转换成最终的表层文本。这一过程包括语言实现和结构实现两个方面。

① 语言实现。语言实现的目标是将通过句子规划得到的结构信息，映射成符合语法规范和语法结构的自然语言文本。这一阶段通常涉及对句子中的各个成分进行语法分析，决定动词的时态、主谓宾的关系以及其他语法元素的合理组合。在语言实现中，系统需要确保生成的句子符合语言的语法规则，同时又能保持语气、语调的适当性，以便更好地与人类读者的语言习惯相符。

② 结构实现。结构实现的主要任务是将文本的层次结构、段落划分和章节结构等转换成实际的文本格式。结构实现不仅仅是将语法成分拼接成句子，还包括根据文章的逻辑和语篇要求进行段落和章节的划分，确保生成的文本结构清晰，层次分明。结构实现的好坏直接关系到文本的可读性和可操作性，它不仅影响句子的流畅度，还决定了文本的整体结构感。

（三）自然语音处理

在当前人工智能的应用领域，语音处理技术作为一种高度集成的信息处理方法，已经深刻影响了人类与计算机的交互方式。语音处理技术不仅涉及从语音到文本的转换（语音识别），还包括从文本到语音的生成（语音合成），以及语音形式的自然语言处理等多个环节。

1. 语音识别

语音识别是指利用计算机技术将语音信号转换为文本的过程。它的实现通常依赖于多个技术的集成，包括信号处理、模式识别、机器学习等。语音识别技术从传统的基于信号处理和模式识别的简单方法，发展到如今广泛应用深度学习技术的复杂系统。

在语音识别的初期，信号处理技术主要是对语音信号进行特征提取，并将其转换为可以由计算机理解的形式。而模式识别方法则通过训练计算机模型来识别不同的语音模式，进而实现语音的转写。随着计算能力的提升，深度学习，尤其是卷积神经网络和循环神经网络等算法的应用，极大提升了语音识别的准确性。

现代语音识别系统通常集成了语法、语义等高层次的知识，能够在上下文中进行智能推理和判断，从而提升识别精度。这一过程并不仅仅是简单的声音转文本，更需要语言模型、语义分析等多层次的知识处理，以确保语音输入能够被准确理解。随着数据量的增加和计算能力的提升，语音识别技术逐渐与大数据和高性能计算相结合，使得识别精度和处理速度得到了大幅度提高。

语音识别技术的应用已不仅限于语音转写，其发展还推动了自动语音助手、语音翻译、语音命令控制等多种应用的普及。用户通过语音与设备交互，能够快速获取信息或执行命令，这为智能家居、智能汽车、智能手机等智能终端的发展奠定了基础。

2. 语音合成

语音合成，亦称为文本到语音技术，指的是将计算机中存储的文本信息转化为语音输出的过程。与语音识别不同，语音合成的核心任务是将非语音的文字信息转换为具备语音特征的声音。这一过程的挑战在于如何使生成的语音听起来自然、流畅，并能够清晰表达文本信息的语义和情感。

语音合成过程通常分为两个主要步骤：第一步是文本分析和处理；第二步是音频生成。在文本分析和处理阶段，合成系统首先对输入的文本进行预处理，包括分词、字音转换、语法分析等，以便为后续的音频生成提供准确的音韵信息。然后，在音频生成阶段，系统根据音韵信息生成语音波形。早期的语音合成技术多采用拼接合成（如基于拼音的合成方法），通过拼接预录制的音频单元来生成语音。然而，这种方法生成的语音较为机械化，缺乏情感变化。

随着深度学习技术的发展，基于神经网络的语音合成技术逐渐成为主流。特别是 WaveNet 和 Tacotron 等模型，通过模拟人类发音的生理机制，使得合成语音在语音质量和情感表达方面都取得了显著的进展。现代语音合成系统不仅可以生成更加自然的语音，还能够根据上下文信息调整语音的语调、节奏和情感色彩，以使其更加符合实际交流中的需求。

语音合成技术的应用广泛，包括智能语音助手、导航系统、自动客服等领域。其发展使得计算机能够更加人性化地与用户进行语音交互，极大地提高了用户体验。

3. 语音形式的自然语言处理

语音形式的自然语言处理，指的是结合语音识别和语音合成技术，对语音数据进行理解和生成的过程。语音形式的自然语言处理分为两个主要部分：语音形式的自然语言理解和语音形式的自然语言生成。

（1）语音形式的自然语言理解

语音形式的自然语言理解（或称为语音理解）是指将语音信号转化为计算机可理解的知识模型的过程。其步骤可分为两个阶段：首先是通过语音识别将语音转换为文本；接着，通过自然语言处理技术对文本进行分析、理解和推理，将其转换为计算机能够处理的知识模型。在这个过程中，语音识别技术首先将语音信号转化为文本，但单纯的文本信息并不足以帮助计算机理解语义。因此，需要应用自然语言处理技术进行文本理解，提取文本中的关键信息，并结合背景知识对文本进行推理，最终形成知识模型。该知识模型可用于后续的智能推理、决策等应用。

（2）语音形式的自然语言生成

语音形式的自然语言生成是指将计算机中的知识模型转换为语音的过程。该过程包括两个主要步骤：首先，通过文本生成将计算机中的知识模型转化为文本；之后，通过语音合成将生成的文本转化为语音。在这个过程中，文本生成技术首先将知识模型转化为易于理解的文本表达，这一过程通常依赖于自然语言生成技术。然后，语音合成系统将生成的文本转化为语音，完成语音输出。这一过程的核心挑战在于如何使生成的语音自然流畅，并能准确传达知识模型中的信息。

语音形式的自然语言生成技术在智能客服、语音翻译等领域有广泛的应用。例如，智能客服系统可以通过语音识别理解用户的语音输入，通过自然语言理解技术将其转化为知识模型，再通过自然语言生成技术生成适当的回应，并通过语音合成技术将回应转化为语音反馈给用户。

第三章

多智能体系统基本原理

在复杂系统建模与智能协同控制日益受到关注的背景下，多智能体系统成为人工智能研究的重要分支之一。多智能体系统强调多个智能体之间的交互、协作与自主行为建模，广泛应用于机器人系统、分布式控制、网络优化、智能交通等领域。本章分析多智能体系统的研究背景，阐明智能体与多智能体系统的基本概念及其构成，同时归纳多智能体系统所具备的典型特征，为深入理解其运行机制和应用场景提供依据。

第一节　多智能体的研究背景

多智能体系统作为一种新兴的复杂系统形式，近年来在控制科学、人工智能、机器人学等多个交叉学科领域引发了广泛关注。其研究背景的形成与发展是多学科交融、技术进步与现实应用需求共同推动的结果。从生物启发到计算范式的演化，再到控制理论的发展，形成了多智能体系统研究的理论基础和实践框架。

一、生物群体行为的启发

多智能体系统研究的一个重要思想来源是自然界中的群体智能现象。蚂蚁、蜜蜂、鸟群、鱼群等生物在无中央控制的情况下，通过个体间的简单交互，实现了整体上的复杂行为。例如，蚂蚁通过释放信息素形成路径优化机制，在搜索食物的过程中能够自发找到最短路径；蜜蜂通过“摇摆舞”传递食物源的信息，实现资源定位的最优化；鸟群或鱼群在迁徙或游动过程中，通过局部相互作用保持队形并避免碰撞。这些“自组织”现象展现出自然系统中个体间通过局部规则实现全局协调的能力[1]。这种基于局部感知和简单交互涌现出的群体智能，不仅体现了生物系统在演化过程中所形成的高效协作机制，也为人工系统提供了设计的灵感。在多智能体系统中，个体智能体通过模仿这种生物群体行为，实现如队形保持、目标追踪、障碍避让等群体行为，极大提升了系统的协作能力与鲁棒性。

二、计算机科学范式的演进

计算机科学的发展经历了从集中式控制到分散式控制，进而发展到分布式控制的过程。在早期的集中式系统中，所有信息和决策均由中心节点控制，这种方式在面对系统规模扩大、实时性需求提升和节点故障时显得愈发脆弱。为此，分散式控制应运而生，它将整体任务分解为若干子任务，由多个子系统分别完成，但由于这些子系统之间的协同是由中心节点设计并预先规定的，因此缺乏灵活性和适应性。

相比之下，分布式控制强调每个智能体都具备独立的感知与决策能力，并能够基于局部信息与邻近个体交互协同，从而实现系统的整体目标。这一思想为多智能体系统提供了重要的理论支撑，使其具备更强的可扩展性、容错性与动态适应能力。例如，在多机器人系统中，每个机器人不依赖中央调度，而是通过与周围机器人的信息交换，实现路径规划、任务分配与协同执行等功能。

多智能体系统正是这种计算范式变革的产物，它摒弃传统系统对中央控制的依赖，转而关注个体间的自治、交互与协同。这种分布式、自治式的系统组织结构，为构建更加灵活、高效和智能的系统提供可能。

三、控制科学的发展推动

在控制理论领域，多智能体系统被视为一种复杂的网络控制系统，其核心任务在于协调控制。传统控制理论主要关注单一系统或多个系统的集中控制，

---

[1] 卢延荣，李丽，张晓萌，等. 多智能体系统的协调预见跟踪控制［M］. 北京：北京邮电大学出版社，2023：1-3.

而多智能体系统则强调在缺乏全局信息和中央控制的条件下，如何通过智能体间的局部交互，实现系统的协同行为。

协调控制问题主要包括一致性控制、队形控制、围捕与包围控制、任务分配等方面。以一致性控制为例，研究者关注的是在通信拓扑允许的条件下，所有智能体能否通过局部交互最终达到某种一致状态，如速度一致、位置一致等。队形控制则强调多个智能体如何保持一定的结构形态协同移动。围捕与包围控制则关注于多个智能体如何联合行动将目标包围、捕获或隔离。

协调控制的设计需要结合智能体的动力学模型、系统拓扑结构以及所需实现的任务目标。目前，研究者已在单积分模型、双积分模型、非线性系统及多刚体系统等多种动力学模型上提出了相应的协调控制策略，形成了一套相对系统的理论框架。

四、现实应用需求的强烈驱动

多智能体系统的研究不仅具有坚实的理论基础，也受到实际应用需求的强烈推动。随着科技的发展，众多应用场景对智能、协同、自主系统的需求日益增强。例如以下场景。

① 无人系统编队。在无人机集群、自动驾驶车队中，多智能体系统能够实现自主编队、路径协同、目标识别等功能，被广泛应用于军事侦察、灾害救援、物流运输等领域。

② 多机器人协作。在制造业、服务机器人等领域，多机器人系统可实现复杂作业任务的分工合作，如协同搬运、组装、清洁等，大幅提升作业效率与柔性。

③ 智能电网与能源系统。在智能电网中，多个智能节点（如电源、负载、储能装置）需要协同调度，实现能源的最优配置与故障自愈。

④ 社交网络与群体决策。多智能体理论还被用于建模与分析社交网络中的个体行为演化、意见一致性等问题，辅助公共政策制定与群体行为预测。

这些实际应用不仅促使多智能体系统从理论研究走向工程实现，也推动相关理论不断演进与完善。

第二节 智能体与多智能体系统

一、智能体

智能体是人工智能和自动控制领域的核心概念之一，泛指能够感知环境并采取行动以达成某种目标的实体，这种实体可以是软件或硬件（如机器人），甚至也可以是人。智能体具有一个行为集合，并具有一定的自主性。智能体在执行行为时，会使用某些知识来表示用户的期望。

（一）智能体的特性

作为人工智能系统中的核心构件，智能体不仅具备一定程度的智能行为能力，还被广泛应用于自动化控制、智能决策、分布式系统等多个技术领域。智能体在实际运行中通常表现出以下基本特性。

① 自主性。自主性是智能体最基本的属性之一，指的是其具备独立于外部控制机制进行自我管理和自我调节的能力。具有自主性的智能体不仅能够感知和响应外界环境的刺激，还能够根据环境状态的变化，自主地对其内部行为策略、运行状态及目标导向机制进行动态调整，以实现适应性行为。这种能力使得智能体能够在缺乏明确外部指令的情况下，依靠自身的判断独立完成任务。

② 交互性。交互性指的是智能体能够感知其所处的外部环境状态，并基于感知结果对环境做出实时响应和操作行为的能力。通过不断地感知-决策-执行循环，智能体能够在与环境或其他智能体的持续互动中完成任务目标。此特性保证了智能体具备一定的环境适应性和实时性，是其实现“智能行为”的前提条件。

③ 通信能力。智能体在实际应用中常以群体形式协同工作，单一智能体难以解决复杂或大型问题。因此，通信能力是多智能体系统中实现协作与信息共享的基础。智能体应具备与其他智能体或人类进行信息交换、意图表达和任务协调的能力。它们可以根据自身的目标、状态和环境信息，通过消息传递机制进行多向互动，从而达成整体系统的最优行为表现。

④ 进化性。进化性是指智能体具备通过交互过程中的学习与经验积累不断完善其行为策略的能力。在动态或不确定环境中，智能体能够利用机器学

习、知识更新等机制对外部刺激进行归纳、概括和抽象，从而逐步改进其应对策略。进化性确保了智能体不局限于静态编程模式，而能动态适应新情境。

⑤ 移动性。移动性是指智能体在物理空间或网络空间中自由迁移或调度的能力。特别是在网络环境中，移动智能体可自主迁移至不同节点，完成数据采集、任务分发、资源协调等操作。该特性大大提高了智能体的空间灵活性与任务覆盖能力。

⑥ 诚实性。诚实性意味着智能体在进行信息传递时应保持真实性和可信度，不故意传递虚假或误导性信息。在多智能体系统中，诚实性是一种基本信任机制，有助于系统内部的高效协同与稳定运行。具备诚实性的智能体能够保障通信内容的准确性和一致性，进而支撑整个系统的合作效能。

⑦ 无私性。无私性主要体现在当智能体接收到来自其他智能体的任务请求时，会优先考虑整体系统目标而非自身利益，从而尽力协助对方完成任务。这种特性强调智能体间的互助与合作，是实现多智能体协同工作机制的伦理基础与行为规范，尤其适用于面向公共利益或群体任务的系统架构。

⑧ 理性。理性是指智能体在执行目标导向行为时，能够基于其知识结构、资源状况与外部环境约束，做出具有逻辑性与可行性的决策。具备理性的智能体不会盲目执行不可达成的目标，而是通过目标可达性分析、效用函数评估等方式，对不同行为路径进行理性选择，从而实现效率与效果的双重优化。

（二）智能体的应用领域

智能体的抽象模型主要由传感器、执行器以及其所处环境构成。在这一模型中，智能体通过传感器对外部环境进行感知与数据采集，通过执行器对环境施加影响，从而完成既定的目标任务。除此之外，智能体还具备一定程度的知识获取、问题求解及学习能力，能够依据已有经验和知识库对环境状态做出合理判断与反应，并可在复杂系统中与其他智能体进行信息交流与协同作业。若以人体构造类比智能体结构，则可以认为人体本身即为一个典型的智能体：眼睛、耳朵、鼻子等感官器官相当于传感器，负责感知视觉、听觉、嗅觉等外部信息；而手、脚等肢体器官则相当于执行器，负责完成具体的动作执行与操作任务。

随着人工智能和物联网技术的迅猛发展，智能体在现实生活中的应用已日益广泛，几乎渗透到生产与生活的各个方面。例如，在智能交通领域，区域智能交通灯控系统正成为现代城市交通管理的重要组成部分。该系统能够实现对红绿灯交叉路口各个方向车流量的实时探测与全面监控。通过高精度雷达设备，系统可采集车辆的数量、运行速度、加速度、距离等多维度信息，并将其实时传送至后端大数据处理中心。大数据处理中心则通过高效算法对区域车流态势进行动态分析，迅速生成最优的红绿灯配时方案，并实时下发至各控制终端进行调整，从而实现交通信号的自适应调节。在保障行人通行安全的前提下，尽可能减少红灯期间的空放时间，提升整体道路通行效率，缓解城市拥堵问题。

此外，智能体在家庭日常生活中的应用也日益普及。以扫地机器人为例，其内部集成有多种传感器和智能决策系统，能够自主识别所处位置及地面清洁状况。当机器人识别到某一房间存在污渍时，便可自动选择合适的路径进行清扫，并根据地形环境变化实时做出左转、右转、暂停或吸尘等操作，实现高效的清洁工作。又如住宅楼中广泛使用的智能电梯系统，乘客在某一楼层按下上行或下行按钮后，电梯调度系统会依据电梯所在位置、当前运行状态及等待时间等因素进行综合评估，智能地调派最合适的电梯响应请求，从而优化资源分配，提高运行效率。

二、多智能体系统

多智能体系统（MAS）是由多个智能体组成的集合，它的目标是将大而复杂的系统建设成小的、彼此相互通信和协调的、易于管理的系统。

（一）多智能体的类型

多智能体的类型包括 BDI 模型、协商模型、协作规划（协助）模型、自协调模型。

1. BDI 模型

在多智能体系统的理论研究与实践应用中，BDI 模型作为一种具有哲学认知背景的理性模型，被广泛用于刻画智能体在动态复杂环境中进行自主决策和行为调度的内在机制。该模型源自对人类意向性行为的抽象与形式化，将智能体的认知结构划分为信念（belief）、期望（desire）和意图（intention）三大核心成分，反映出智能体在感知环境、设定目标及规划行为等方面的认知演化路径。作为一种认知架构，BDI 模型不仅为智能体的设计提供了逻辑规范，也为模拟其推理能力与适应行为提供了方法论支持。

具体而言，信念是智能体对其所处环境、其他智能体以及自身状态的主观表达，是其认知过程的基础。信念的本质是一种信息集合，它并不要求具有绝对的真实性，而是体现了智能体在当前信息条件下的认知状态与世界模型。与之相对，期望则表现为智能体希冀实现或保持的状态目标，是驱动其行动的内在动力。在BDI模型中，期望通常呈现为一种具有多元性和动态性的目标集合，它们可能互相冲突或层次递进，需要智能体在行动前通过理性推理进行优选。而意图则是在信念与期望基础上形成的决策承诺，是智能体决定投入资源以实现的具体目标。意图具有更强的约束力和执行性，它不仅决定了行动计划的选取，还会持续影响智能体后续的推理路径和行为控制机制。

BDI模型的核心优势在于，它将智能体的决策行为建构为一个不断循环的“感知-推理-执行”过程。智能体在感知到新的环境变化或外部信息后，会对其信念系统进行更新，并在此基础上重新评估当前期望的可行性与优先级，从而调整意图和行为计划。这一过程强调智能体在面对不确定性和动态性情境时的适应能力与行为灵活性，也凸显其内在逻辑结构的可解释性和层次化特征。BDI模型所提出的目标-手段推理机制，促使智能体不断在认知结构内部进行反馈调整，保证其行为的连续性与目标的一致性。

2. 协商模型

协商模型作为智能体间实现有效协作的关键机制之一，被广泛应用于解决任务分配、资源共享与知识冲突等问题。协商模型强调智能体间的自主性与合作性，智能体在完成各自目标的同时，通过动态的信息交换与策略调整，达成多方均可接受的解决方案。其中，合同网协议（CNP）是协商模型的典型代表，具备结构清晰、执行灵活等优点，常用于异构智能体之间的任务分配与协调。

协商模型的核心在于构建一个合理的谈判机制，使智能体在信息不完全或部分利益冲突的情境下，仍能通过协议达成最优或次优的共识。例如，在共享物流环境中，多方企业部署的自主机器人在执行各自的运送任务时，往往面临空间资源的竞争。此时，若仅以个体利益为导向，极易造成路径冲突和效率下降。而在协商模型中，机器人通过在博弈论基础上的策略调整与通信交互，能够实时对行动路径、时间窗口等因素进行优化，协调彼此行为，以实现整体系统效率的提升。此类协商行为不仅体现了智能体之间的自治能力，更反映出协同机制在多目标优化问题中的重要价值。

3. 协作规划模型

协作规划模型是一种面向多智能体系统内部协调机制的规划模式，其核心在于个体智能体在拥有自主目标的基础上，能够通过局部协作与信息交换，实现系统层面上的协调一致。在该模型中，每个智能体根据自身任务制定部分规划，同时必须考虑其他智能体的行为路径、资源约束和目标冲突等因素，从而实现系统整体目标的最优化。

协作规划模型的一个关键特征在于“行为一致性”。这种一致性不是由中央控制系统强制施加的，而是在分布式结构下，由多个智能体通过动态的信息交流、自主行为调整所自然生成的。这一机制在实际应用中具有重要意义，例如军事领域的多战机协同作战任务。作战中，多架战机或无人机通常需要执行不同的攻击、防御、侦察等任务。在任务实施过程中，它们必须依据地形、敌方布置、通信条件等动态信息，相互交换位置信息、速度参数、目标点等关键数据，并实时调整自身的飞行姿态与路径。通过这种分布式的协作规划，战机编队能够灵活变换队形，既保证战术目标的完成，又提升了整体系统的适应性和鲁棒性。

协作规划模型不仅适用于军事领域，在智能交通、工业机器人集群控制、智能物流等场景中同样具备广泛的应用前景。其优势在于，通过智能体之间的信息共享和自主调整，不仅能提升系统效率，也增强了对复杂环境变化的响应能力与容错能力。

4. 自协调模型

自协调模型则强调的是智能体在面对未知或变化环境时，能够依靠自身感知和智能策略，自主调整行为以适应外部环境的变化。这一模型不依赖外部指令或中央调度，而是赋予智能体更高程度的自主性和决策能力。其关键机制在于环境驱动下的局部反馈调整，即智能体根据对当前环境的感知结果进行即时判断与行为更新，从而实现自我行为的协调与优化。

自协调模型在应急响应、灾害救援等场景中尤为重要。例如，在火灾现场的机器人救援系统中，救援机器人在进入火场前往往无法获得完整的建筑结构信息，也无法预知现场的障碍分布、烟雾浓度、温度梯度等环境变量。因此，机器人必须具备动态感知能力和自协调行为机制，在前进过程中实时采集环境数据，如进行红外成像、障碍物识别、热源定位等，并依此调整前进路径，规避障碍，寻找可行路线。在此过程中，机器人并不依赖中央控制的实时指令，而依靠内建的自协调机制进行策略选择与行为控制，从而有效提升了在复杂、不可预知环境下的自主应变能力。

自协调模型还广泛应用于自动驾驶、智能制造、能源调度等领域，尤其在多目标冲突频发、环境动态变化剧烈的情境下表现出较强的适应性。它所体现的去中心化、高自治、即时响应等特征，使其成为当前多智能体系统中重要的发展方向之一。

（二）多智能体系统的体系结构

多智能体的体系结构影响系统的各个方面，不同复杂程度的应用，应选择不同能力的体系结构。当前多智能体系统中较为常见的三种体系结构分别为网络结构、联盟结构以及黑板结构，它们在信息传递方式、系统耦合程度、智能体之间的协作机制等方面各有特点和适用场景。

1. 网络结构

网络结构是最为直接且具有原始性的智能体组织方式，其形态类似于人类社会中的个体之间进行面对面的交流。该结构强调智能体间的点对点直接通信，系统中的每一个智能体不仅需要具备清晰的通信路径意识，还需预先知道何时以及向哪个对象发送信息。此外，网络结构通常要求智能体掌握关于通信对象的固定状态知识与行为能力，以实现有效的合作。然而，尽管该结构在小规模系统中运作高效，但在智能体数量持续增长的情况下，一对一的信息传递机制将导致通信成本急剧上升，系统复杂度指数级增加，从而显著降低整体工作效率。因此，网络结构更适用于智能体数量有限、任务关联度较低的简单应用环境中。

2. 联盟结构

联盟结构引入了“协助者”这一中介角色，通过将协助者作为通信枢纽，提升智能体间的信息传递效率。在该结构中，相距较近的智能体组成局部群体，其内部或对外的交互均由协助者智能体完成。协助者不仅负责接受来自群体内个体的服务请求，还能通过广播或匹配机制将任务分配给最具能力的智能体。这种结构在实际应用中避免了每个智能体都必须掌握系统整体状态的需求，显著降低了系统耦合度，提升了运行效率。值得注意的是，联盟结构还具有较强的动态适应性，能够适应多变的环境任务分配与智能体能力差异，被广泛应用于多目标协作、分布式决策等场景中。

3. 黑板结构

黑板结构在设计理念上与联盟结构有一定相似之处，同样依赖于一种集中式的信息协调机制，但其实现方式有所不同。该结构中的“黑板”是一个可被多个智能体访问的共享信息空间，各智能体不再直接进行通信，而是将自身所获得的信息或中间结果存储在黑板上，供其他智能体读取与利用。这种结构使得智能体之间实现了局部数据共享，极大提升了系统的协同能力与模块独立性。通过黑板机制，可以支持不同类型智能体基于同一问题实现异步处理与知识融合，适合用于知识密集型、多阶段处理的复杂任务，如智能规划、自动推理等。

网络结构适用于通信路径清晰、规模较小的应用场景，联盟结构适应于任务动态分配与合作灵活性要求较高的系统，而黑板结构则适合信息共享需求强烈、智能体协同推理能力要求高的复杂系统。多智能体系统体系结构的合理选择，是实现系统高效运行与智能行为协调的关键基础，需根据任务性质、环境复杂度和资源条件进行综合考量。

（三）多智能体系统的通信

1. 多智能体系统通信的原理

多智能体系统通信的原理是系统内各个智能体之间实现信息传递与协作的核心机制。通信过程确保了智能体能够交换信息、协调动作，并在协作中达成一致目标。类似于人类社会中通过语言交流来传递思想和意图，智能体通过特定的通信协议与语言格式来实现相互理解和合作。在多智能体系统中，通信的基本步骤通常包括信息的编码、传输与解码等过程。

发送方将自身的思维或决策信息转换为一种统一的通信语言或格式，这一格式不仅包括语法和语义的定义，还可能涉及特定的符号或信号系统，以便所有参与的智能体都能正确理解。例如，某些系统可能采用图形、数字、符号甚至是特定的语言协议来表达其意图。接着，发送方将这些信息通过适当的传输介质（如无线信号、网络数据包等）发送出去，介质的选择和使用决定了信息传播的效率和可靠性。接收到信息的智能体需要对传输过来的数据进行解码，恢复出原始信息的含义。解码过程不仅仅是对数据的简单反向转换，更多的是在接收方的认知框架中对信息进行理解和应用。这一过程需要确保通信语言的标准化与一致性，使得不同的智能体能够跨越系统间的差异，进行有效的协作。最终，接收方通过对解码信息的处理，将其转化为可以进一步执行的决策或行为。

虽然通信原理在形式上与人类语言交流相似，但多智能体系统中的通信更为精确且具有高度的技术性。这是因为系统内的通信不仅仅是信息的简单传递，更涉及智能体如何根据接收到的信号进行决策与优化，以保证系统整体目标的达成。智能体之间的通信机制通常需要具备较强的容错性与适应性，以应对动态变化的环境和不确定性。因此，深入研究多智能体系统的通信原理，不仅有助于理解智能体协作的内在机制，还对优化通信协议、提高系统效率以及实现更高效的智能协作具有重要意义。

2. 多智能体系统通信的类型

多智能体系统通信的类型主要分为两种：Tell 与 Ask 通信、形式语言通信。每种通信方式都在系统内的智能体协作中扮演着不同的角色，且具有各自的特点和应用场景。

① Tell 与 Ask 通信。Tell 与 Ask 通信是一种基于共享内部表示语言的通信方式。在这种通信模式下，智能体通过一种共同的知识表示语言来相互交换信息，通常这种语言能够表达智能体内部的状态、意图以及决策过程。Tell 通信意味着一个智能体主动地将其内部的知识或信息传递给其他智能体，通常基于该信息对系统整体目标的贡献。而 Ask 通信则是指一个智能体向其他智能体询问信息，通常发生在需要外部信息支持其决策时。这种通信模式的关键特征在于，它允许智能体直接访问对方的知识库，从而通过“询问”或“告知”的方式实现信息交换。Tell 与 Ask 通信方式的优势在于其高效性和直接性，能够在系统中快速传递和共享关键信息，从而促进智能体间的协同工作。然而，这也要求各智能体之间必须对共享的表示语言和知识库有清晰的约定，确保信息能够在不同智能体之间无障碍地流动。

② 形式语言通信。形式语言通信更加依赖于语言的结构性和规范性，而不是直接访问智能体的内部知识库。在形式语言通信中，信息通常通过标准化的语言协议传输，这些协议可能包括逻辑语言、编程语言或者其他形式化的符号系统。这种方式的核心优势在于其可扩展性和灵活性，能够通过标准化的语言结构实现跨系统和跨平台的有效通信。形式语言通信的一个显著特点是其适应性强，可以支持复杂的逻辑推理和动态决策，而不仅仅限于简单的信息交换。这使得形式语言通信在多智能体系统中，尤其是那些需要处理复杂任务或动态环境的场景中，得到了广泛的应用。

这两种通信方式在实际的多智能体系统中往往是互补的，智能体根据具体任务的需求和系统的设计选择合适的通信方式。Tell 与 Ask 通信适用于那些需要快速共享和获取关键信息的场景，而形式语言通信则适合处理更加复杂的推理、协调和决策问题。通过合理地结合这两种通信方式，能够有效提升多智能体系统的整体效率和协调性。

3. 多智能体系统通信的方式

智能体之间的通信是多智能体系统工作的前提，智能体通信的方式有黑板系统、消息/对话系统。

（1）黑板系统

黑板系统主要用于解决分布式问题。黑板是一个共享的工作区，参与求解的智能体可以“查看”黑板上的数据、问题、求解过程及记录，并在黑板上“写下”自己对问题的求解过程及结果，以供其他智能体在求解时参考。需要明确的是，在黑板系统中，各个智能体之间是“互不相识”的，信息交换通过黑板来完成，每个智能体独立完成自己的问题求解。

黑板系统的模型有 3 个主要组成部分：a. 知识源，即智能体，作为求解问题的独立单元，具有不同的专门知识，独立完成特定的任务；b. 黑板，即公共工作区，为智能体提供信息和数据，同时供智能体进行修改；c. 监控机制，根据黑板当前的问题求解状态，以及各智能体的不同求解能力，对其进行监控，使智能体能及时发现黑板的变化，及时进行问题求解。

（2）消息/对话系统

消息/对话系统方式是实现灵活和复杂策略的协调策略的基础。通常通过以下两种方式实现智能体间的消息传递。

① 直接通信方式。每个智能体必须知道消息在什么时候发送到什么地方，系统中有哪些智能体可以合作，这些智能体各具备什么样的能力等。这要求系统中的每个智能体都拥有其他智能体的信息。

② 基于中介的通信。在基于中介的消息传送中，若干相距较近的智能体通过通信服务器来进行交互和消息发送，而远程智能体之间的交互是由局部群体中的通信服务器协作完成的。

（四）多智能体系统的协调与协作

像生物群体一样，对于智能体来讲，也常常需要多个智能体“集聚”在一起，组成多智能体系统，系统中的智能体相互协调和协作，共同完成任务。协调和协作是多智能体研究的核心问题之一，以自主的智能体为中心，使多智能体的知识、愿望、意图、规划、行动协调以至达到协作，是多智能体的主要目标。

1. 多智能体的协调

机器人需要具备能理解其他机器人行为的能力，具体表现为，机器人要理解另一个机器人的行为对自己会产生哪些影响，从而调整自己的行动。若机器人在工作的时候，仅按照自己的想法执行任务，不顾其他机器人的工作，可能出现任务无法持续进行的情况。

多智能体系统中的协调是指多个智能体为了以一致和谐的方式工作而进行交互的过程，是对环境的适应。协调一般是指改变智能体的意图，协调的原因是其他智能体的意图存在。在开放、动态的环境中，目标不同的多个智能体必须对其目标、资源的使用进行协调，在资源出现冲突时，若没有很好地进行协调，可能会出现死锁或活锁。死锁指多个智能体无法进行各自的下一步动作；活锁指多个智能体不断工作却无任何进展。

多智能体系统的协调有以下四种方式。

① 基于集中规划的协调。主控智能体具备其他智能体的知识、能力和环境资源知识，其对该多智能体系统的任务目标进行分解和规划，并指示或建议其他智能体执行相关任务。该协调方式适用于环境和任务相对固定、动态行为集可预计和需要集中监控的情况。例如，一个仓库里有多个机器人运送货物，其中一个机器人作为主控智能体，对整个运送任务进行规划，并指示其他机器人执行运送任务，使仓库内运送货物的工作井然有序。这种方式能够提高系统的整体效率，但也存在主控智能体单点故障可能导致系统失效的问题。

② 基于协商的协调。协商是智能体间交换信息、讨论和达成共识的方式。例如，进入火灾现场救援的机器人，相互之间要协商，进行任务分配，之后各司其职，有序完成救援工作。在这种协调方式下，各智能体拥有更多的自主性和灵活性，但也需要更高效的信息交换和决策机制，以避免冲突或任务重复。

③ 基于对策论的协调。基于对策论的协调包括无通信协调和有通信协调两类。无通信协调是在没有通信的情况下，智能体根据对方及自身效益模型，按照对策论选择适当行为，智能体至多也只能达到协调的平衡解。而在有通信协调中则可得到协作解。通过对策论的应用，智能体能够在一定程度上根据自己的利益最大化来调整行为，从而达到协调目标，尤其在竞争性或博弈性质的任务中具有较高的应用价值。

④ 基于社会规划的协调。基于社会规划的协调是以每个智能体必须遵循的社会规则、过滤策略、标准和惯例为基础的协调方法。这些规则对智能体的行为加以限制，过滤某些有冲突的意图和行为，保证其他智能体必需的行为方式。社会规划的协调方式通常被应用于复杂的多智能体系统中，确保系统的稳定性与高效性，尤其是在大规模系统中能够有效避免行为的无序性，并提高集体行为的协调性。

2. 多智能体的协作

出现地质灾害时，一个人或者一个救援单位往往很难将被困人员救出来，需要多个救援单位合作，才能解救出被困人员。例如，机器人在火灾现场营救被困人员时，一个机器人往往无法独立完成任务，必须和其他机器人共享信息，共同合作，才能完成任务。协作是非对抗的智能体之间保持行为协调的一个特例。多智能体系统的出现源于单个智能体难以解决比较复杂的问题，因此多个智能体的协作行为就成为多智能体系统必不可少的行为。多智能体系统的协作类型可分为以下五种。

① 完全协作型。在完全协作型系统中，所有智能体围绕共同的全局目标进行协作。每个智能体的行为都是为了实现这个共同的目标，并且不设有自己的局部目标。例如，在智能制造生产系统中，智能制造单元、个性化定制系统、软件管理系统和制造执行系统等各组成部分的共同目标是根据要求生产出符合需求的产品，各个单元并不追求自身的局部利益，而是齐心协力完成这一全局任务。

② 协作型。系统中的智能体拥有共同的全局目标的同时，各个智能体也设有与全局目标一致的局部目标。在这种类型中，智能体在追求全局目标的过程中，同时关注自己的局部任务。例如，快递分拣系统中，系统全局目标是完成所有快递的分拣任务，每个机器人负责分拣特定区域的快递，并在完成局部任务后共同实现全局目标。

③ 自私型。在自私型系统中，不存在共同的全局目标，各个智能体只为自己的局部目标而工作。各个智能体的目标可能会相互冲突，从而影响系统的整体效率和协作程度。例如，不同智能体为了实现自己的目标，可能采取对立或竞争的行为，导致整体系统的目标难以实现。

④ 完全自私型。在完全自私型系统中，每个智能体仅追求自身的局部目标，并且不考虑任何形式的协作行为。系统中的各个智能体彼此之间没有任何协调或合作，它们的行为完全基于自身利益而展开。例如，在某些竞争性环境中，系统中的智能体完全忽略其他智能体的需求和系统的全局目标，只关注自己目标的最大化。

⑤ 协作与自私共存型。在协作与自私共存型系统中，尽管存在共同的全局目标，部分智能体可能会有与全局目标无直接关系的局部目标。此时，系统中的智能体在追求全局目标的同时，部分智能体还可能追求自己的利益。例如，在污染物排放权电子市场中，虽然系统的目标是确保总体污染物的排放量不超过上限，但某些企业可能还希望通过提高污染物的排放量来提高自己的市场知名度，尽管这与全局目标相冲突。

多智能体系统的协作过程一般分为六个阶段：①协作需要的产生，即确定协作目标；②协作规划，求解合理的协作结构；③寻求协作伙伴；④协作方案的选择，即根据协作竞争者反推最佳的协作方案；⑤按协作或交互协议进行协作以实现所确定的目标；⑥结果评估，即判断协作的效果并为以后的协作提供可供参考的经验和教训。

第三节　多智能体系统的特点

一、多智能体系统的基本特性

1. 独立性与自主性

多智能体系统中的每个智能体都具备高度的独立性和自主性，能够在没有外部干预的情况下自主决策。这些智能体不仅能独立处理所分配的子任务，而且能够自主推理、规划并选择最合适的行动策略。每个智能体都有自己的目标和任务，它们能够在特定的环境中根据自己的判断进行决策。通过自我调整和适应，智能体能够有效地应对外界变化，并根据反馈进行优化。其自主性使得多智能体系统具有更强的灵活性和适应性，尤其在处理动态复杂的环境时，表现出极大的优势。

2. 分布式结构与灵活性

多智能体系统具有分布式的设计理念，每个智能体都可以在不同的物理位置上工作，并执行各自的任务。这种分布式架构赋予系统极高的灵活性，特别是在应对规模庞大或分布广泛的任务时，比传统集中式系统具有明显优势[❶]。由于智能体之间相对独立，它们能够根据需要单独升级或调整，而不影响整个系统的稳定性。此外，分布式结构还使得系统的扩展性得到很好的保证，用户可以根据实际需要扩充智能体的数量和功能，极大降低系统的维护和扩展成本。这种架构使得系统不仅能快速适应变化，还能在资源分配上实现最优化。

3. 降低系统复杂性

采用面向对象的方法进行设计的多智能体系统，能够有效地将复杂任务分解为多个较小且可管理的子任务。每个智能体处理自己的局部问题，从而避免了因整体系统过于庞大而导致的管理困难。通过多层次、多元化的设计方式，

---

❶ 邱火旺．基于多智能体系统的分布式仪表集群协同控制机制分析［J］．集成电路应用，2024，41（06）：429.

可以将系统的复杂性压缩到合理的范围内，使得每个智能体的问题求解变得更加简洁高效。这种模块化设计不仅优化了系统结构，还提高了问题解决的可维护性和可升级性。随着技术的发展，系统的各个模块可以不断进行更新和优化，而不影响系统的整体运作。这种方法使得多智能体系统在处理复杂问题时，能够保持高效且低成本的运行。

4. 协调与集成的关键性

多智能体系统强调协调与协作，智能体之间通过共享信息与协调合作来共同解决更为复杂的全局问题。通过信息集成技术，各智能体能够将独立获取的信息进行有效整合，从而在全局层面实现更精确和高效的决策。多智能体系统的这一集成性使得它能够处理单一智能体无法独立完成的任务，尤其是在面对具有高度复杂性和不确定性的情境时，能够通过集体合作弥补个体智能的不足。此外，智能体之间的信息交换不仅限于数据的共享，还包括经验的传递和协同工作方法的优化，这使得整个系统在应对复杂挑战时表现得更加高效和可靠。

5. 并行计算与高效求解

多智能体系统的并行处理能力是其显著特点之一。智能体之间的相互通信和协作使得它们能够并行地进行问题求解，显著提高了问题处理的速度和效率。这种并行性不仅使得多智能体系统在面对大量数据和任务时能够快速响应，还能够在实时性要求高的应用场景中提供及时的决策支持。与传统单一处理系统相比，多智能体系统在面对复杂的计算任务时展现出更强的处理能力和更高的效率。并行计算还能够有效地减少系统的计算负担，将更多的计算任务分配给不同的智能体处理，从而实现负载均衡和更高的资源利用率。

二、多智能体系统的优势体现

1. 突破单一专家系统的局限

传统的人工智能方法通常依赖于一个专家系统来解决特定问题，但这种方法在面对跨领域、复杂问题时往往力不从心。而多智能体系统则通过引入多个不同领域的专家智能体，协同解决单个智能体无法独立完成或处理的任务。例如，在医疗系统中，多个专家智能体可以分别负责不同的领域，如影像诊断、病历分析、药物推荐等，它们相互合作，共同为患者提供全方位的治疗建议。多智能体系统的协作能力极大地提升了系统的整体问题解决能力，扩展了人工智能的应用边界。通过协作解决问题，不仅能够提高系统的整体效能，还能够在不同领域的专家之间实现知识和技能的互补。

2. 异质性与分布式协作

多智能体系统中的智能体往往由不同的设计方法和计算语言构建，具有高度的异质性。它们可以来自不同的物理位置，不同的开发团队，甚至不同的计算平台。尽管如此，智能体之间依然能够通过标准化的接口进行有效的协作。分布式的架构不仅增强系统的容错能力，还提供更强的可扩展性和灵活性，能够适应各种实际应用场景。不同智能体的异质性确保系统能够集成不同领域的技术与知识，从而提升整体系统的综合能力。

3. 自治与异步处理

每个智能体在多智能体系统中都是自治的，它们拥有独立的决策过程和运行机制，不需要依赖中央控制。每个智能体按照自己的规则、流程和策略进行任务执行，这种自治性使得系统能够更好地适应复杂和动态的环境。此外，智能体之间的处理是异步的，意味着它们并不需要同步工作，每个智能体可以独立地进行计算和决策。这种异步处理方式极大提升了系统的效率，并使得智能体能够在面对突发事件或变化时迅速响应，而不需要等待其他智能体的同步操作。异步处理的机制使得系统更加灵活，能够在不同的工作负载和时间压力下高效运作。

第四章
多智能体的学习与进化

多智能体的学习与进化研究作为人工智能领域的前沿课题，近年来吸引了广泛关注。随着技术的不断进步，多智能体系统已广泛应用于机器人控制、路径规划、决策支持等多个领域。本章深入探讨多智能体的学习与进化机制，首先聚焦于基于强化学习的多智能体路径规划，揭示其在复杂环境中的决策与协作能力；随后，分析多智能体进化模型和算法，探讨其优化策略与性能提升；最后，结合双模型强化学习方法，研究机器人在模糊控制中的应用，为提升多智能体系统的智能化水平提供理论支持与实践指导。

第一节　基于强化学习的多智能体路径规划

一、多智能体路径规划问题的建模

多智能体路径规划问题根据其应用场景的需求不同，有多种不同的建模方式，在此介绍其中一种经典的被普遍使用的问题定义。多智能体路径规划问题的输入是一张无向图 $G(V,E)$ 和 n 个智能体 $\{i_1,i_2,\cdots,i_n\}$。其中图中的顶点 $v\in V$ 是智能体可能占据的位置，图中的边 $e\in E$ 是两个位置之间智能体可能的转移路线。其中每个智能体 $i_k(k=1,\cdots,n)$，还包括一个固定的出发点 $v_{\text{start}}^{i_k}\in V$ 和一个固定的目标点 $v_{\text{goal}}^{i_k}\in V$。时间在经典的定义中被分割为离散的时间步 t，在时间步 $t=0$ 时，智能体 i_k 处于位置 $v_{\text{start}}^{i_k}\in V$ 上。在相继的时间步 t 和 $t+1$ 之间，每个智能体可以选择执行一个动作 a_t，移动到相邻的顶点，或者在其当前顶点等待（保持不动）。多智能体路径规划问题的约束有两条：其一是在给定的时间步，不允许有一个以上的智能体占据同一个顶点，即不允许顶点碰撞；其二是在给定的相继时间步之间，不允许有一个以上的智能体穿越同一条边，即不允许边碰撞。当某一约束被违反时，称该情况为发生了一次冲突。多智能体路径规划问题的解是一组无冲突的路径 $\{p^{i_0},p^{i_1},\cdots,p^{i_n}\}$，每个智能体 i_k 有一条从 $v_{\text{start}}^{i_k}\in V$ 出发最终到达 $v_{\text{goal}}^{i_k}\in V$ 的路径。其中路径 p^{i_k} 是指一串按时间步排列的顶点的序列 $p^{i_k}=(v_0^{i_k},v_1^{i_k},\cdots,v_t^{i_k})$，智能体 i_k 可以从顶点 $v_0^{i_k}$ 开始依次执行移动或等待的动作，在对应时间步到达序列中对应顶点，最终到达顶点 $v_t^{i_k}$。

根据上述定义，一个多智能体路径规划问题有很多组解，在实际使用中，需要有一个目标函数来评估解的质量，同时最小化该目标函数。常见的目标函数有成本总和（sum-of-costs）和工作跨度（makespan）。成本总和是指所有智能体最后一次到达目标点且不再离开目标点所需的时间步骤数的总和，即：

$$f_{\text{sum-of-costs}}(p^{i_{1:k}})=\sum_{n}^{k=1}|p^{i_k}| \tag{4-1}$$

工作跨度是指最后一个智能体到达目标点时所经过的时间，即：

$$f_{\text{makespan}}(p^{i_{1:k}})=\max_{1\leqslant k\leqslant n}|p^{i_k}| \tag{4-2}$$

其中$|\cdot|$是衡量一条路径的长度（即依次到达路径中的顶点所花费的时间）的算子。两种目标函数的优化所表达的意义大致相同，均为让智能体能在更短的时间内到达目标点，在实践中往往根据实际需求来选择优化对应的目标函数。

二、强化学习

强化学习是一项解决智能体控制问题的技术，智能体在与环境交互的过程当中产生经验，并根据经验学习策略以实现特定的任务目标。目前已经有相当成熟的强化学习技术在游戏、机器人控制、优化和调度等领域得到广泛应用。

传统的强化学习通常将问题建模为一个马尔可夫决策过程（MDP），形式化的定义为一个五元组 (S,A,R,P,γ)。其中，S 是状态空间，环境的一个状态记作 s；A 是动作空间，智能体的一个动作记作 a；$R:S\times A\rightarrow R$ 表示奖励函数，一个奖励函数值记作 $R(s,a)$；$P:S\times A\times S\rightarrow R$ 是状态转移函数，一个转移概率记作 $P(s'\mid s,a)$；γ 是折扣因子，用来表示即时奖励对未来的影响程度。

强化学习的目标是获得一个行动策略 $\pi(a \mid s)$ ：$S \times A \rightarrow R$，即智能体在状态 s 下选择动作 a 的概率映射，使得当智能体按照该策略执行动作时，能够最大化累积的奖励。在强化学习中有两个重要的概念，状态价值函数 $U_\pi(s)$ 和动作价值函数 $Q_\pi(s,a)$ ，形式化的定义为：

$$U_\pi(s) \triangleq \mathrm{E}_{a_{1:\infty} \sim \pi}\left[\sum_{\infty}^{t=0} R_t \gamma^t \mid s_0 = s\right] \tag{4-3}$$

$$Q_\pi(s,a) \triangleq \mathrm{E}_{a_{1:\infty} \sim \pi}\left[\sum_{\infty}^{t=0} R_t \gamma^t \mid s_0 = s, a_0 = a\right] \tag{4-4}$$

不难理解，一个最优的策略 π 使任意状态 $s \in S$ 上的状态价值 $U_\pi(s)$ 达到最大。在最优策略 π 下，状态价值和动作价值满足贝尔曼最优方程：

$$U_\pi(s) = \max_a Q_\pi(s,a) \tag{4-5}$$

传统的强化学习使用离散的表格记录每一个状态或每一个状态-动作对上的价值，理论上在充足的时间和内存下它们总是能够找到最精确的最优解。但是，大部分应用强化学习的任务总是具有巨大的状态空间，带来的问题不仅仅是大型表格所需的内存，还在于精确地填充它们所需要的时间和数据。因此，依赖传统强化学习方法解决实际应用问题总是不现实的。

近年来由于深度学习（DL）在各个领域取得了巨大成功，深度强化学习（DRL）也开始逐渐流行。深度强化学习利用神经网络来拟合传统强化学习问题中的价值函数或策略函数，通过出色的感知能力和特征提取能力解决了传统强化学习维度灾难的问题。具有代表性的方法可以分为基于价值的方法和基于策略的方法两类。

深度 Q 值网络（DQN）是深度强化学习最为经典的算法，也是首个将深度神经网络引入到强化学习中的方法，如图 4-1 所示。它利用神经网络来估计所有的动作价值，并根据动作的价值来生成智能体策略。DQN 中估计动作价值的网络通常被称为 Q 值网络，其训练时在期望上最小化网络估计 Q 值和目标 Q 值之间的平均平方误差（MSE），即：

$$L(\phi) = \mathrm{E}_{s,a \sim \pi}\left[R + \gamma \max_{a'} Q_{\phi^-}(s',a') - Q_\phi(s,a)\right]^2 \tag{4-6}$$

其中，$R + \gamma \max_{a'} Q_{\phi^-}(s',a')$ 项为一种通过自举方式表示的目标 Q 值，而 ϕ^- 为网络参数，ϕ 为目标网络参数。所谓目标网络是指一个结构与原网络完全相同的网络，它每隔几次迭代复制一次当前网络的参数 ϕ，并在之后的几次迭代中保持不变，这么做可以使训练更加稳定。为了最小化损失函数式

(4-6)，网络参数的更新梯度为：

$$\nabla_{\phi} L(\phi)=\mathrm{E}_{s,a\sim\pi}\left[\left(R+\gamma \max_{a'} Q_{\phi^-}(s',a')-Q_{\phi}(s,a)\right)\nabla_{\phi} Q_{\phi}(s,a)\right] \tag{4-7}$$

在实现中，DQN 还采用经验回放池来使用历史数据，提高了样本利用率，同时也通过随机采样降低了样本之间的相关性。在每次智能体与环境交互后，产生的经验（状态、动作、奖励）都将存在经验回放池中，在网络训练迭代时，总是从经验回放池随机采样一组数据 (s,a,R,s')，通过随机梯度下降来近似最小化公式（4-6）中所表示的期望。

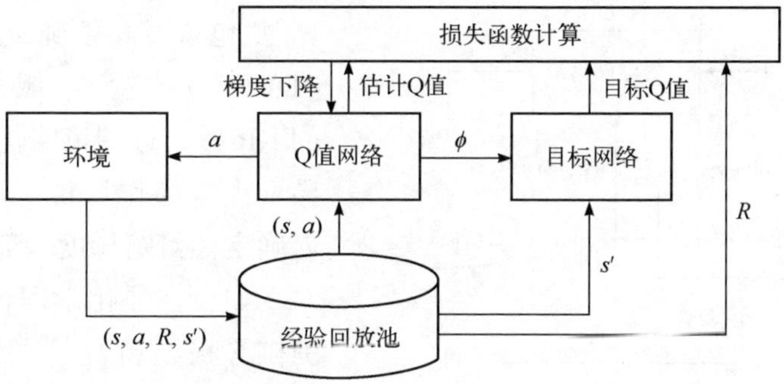

图 4-1 DQN 算法框架图[1]

除此之外，DQN 算法也演变出了许多具有代表性的改进变体，如深度双 Q 值网络、竞争架构深度 Q 值网络、优先经验回放、噪声深度 Q 值网络、深度循环 Q 值网络等。

基于策略的方法的核心是直接学习一套参数化的策略 π_θ，直接通过状态输出动作的概率分布，让智能体的动作选择不再依赖于价值函数。该策略函数通常可以用神经网络来表示，称为策略网络，网络参数为 θ。策略梯度是基于策略的方法的基础，它直观地将依照参数化的策略行动得到的期望的奖励函数作为性能度量，即：

$$J(\theta)=\mathrm{E}_{s,a\sim\pi_\theta}[R(s,a)] \tag{4-8}$$

策略梯度方法的目的是最大化上述目标，实践中通常会根据在环境中采样到的每一条轨迹 $(s_0,a_0,s_1,a_1,\cdots)$，向着奖励上升的梯度方向更新网络参数，理想的梯度更新表达式为：

[1] 本图出自：赵丞. 基于强化学习的多智能体路径规划方法［D］. 合肥：中国科学技术大学，2023：10-21.

$$\nabla_\theta J(\theta) = \mathrm{E}_{s,a\sim\pi_\theta}[Q_{\pi_\theta}(s,a)\ \nabla_\theta \ln\pi_\theta(a \mid s)] \tag{4-9}$$

我们注意到，梯度的更新式中存在当前策略所对应的动作价值 $Q_{\pi_\theta}(s,a)$ 一项，一个自然的想法则是再通过一个 Q 值网络来估计动作价值，这就是现在十分流行的行动器-判别器（AC）框架。AC 框架通常包含两个网络，用来输出上述策略 π。与环境进行交互的行动器网络，根据梯度式（4-9）更新网络参数 θ，以及用来评估当前策略所对应的动作价值的评判器网络，根据梯度式（4-7）更新网络参数 ϕ。经典的 AC 框架如图 4-2 所示。

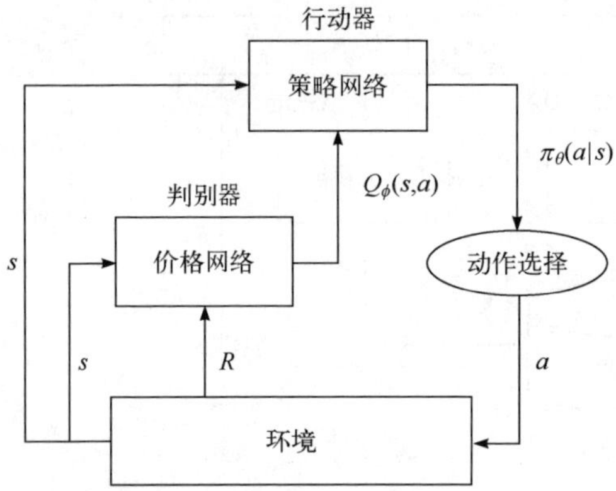

图 4-2　AC 框架示意图

具有代表性的使用 AC 框架的算法包括深度确定策略梯度（DDPG）、置信域策略优化（TRPO）、近端策略优化（PPO）、异步优势动作评价（A3C）、双延迟确定性策略梯度（TD3）等。

如今，强化学习已经在象棋、围棋等极富挑战性的一对一问题上取得了巨大成就。于是，研究者们开始不再局限于单个智能体的应用领域，转向如扑克、足球、星际争霸等团队合作型多智能体领域。多智能体强化学习（MARL）因此被提出，并一跃成为研究热点之一。

多智能体强化学习通常将问题定义为一个分布式部分可观测马尔可夫决策过程（Dec-POMCP），形式化的定义为一个八元组（N,S,A,O,R,P,E,γ）。其中 $N=\{i_1,i_2,\cdots,i_n\}$ 是智能体的集合；S 是状态空间；$A=\prod_{n}^{k=1} A^{i_k}$ 是每个智能体对应的动作空间的乘积，称作联合动作空间，联合动作记作 a，每个智能体 i_k 对应的动作记作 a^{i_k}；$O=\prod_{n}^{k=1} O^{i_k}$ 是每个智能体对应的观测空间的乘积，称作联合观测空间，联合观测记作 o，每个智能体 i_k 对应的观测记作 o^{i_k}；R 是奖励函数，根据具体应用给出的定义不同存在两种情况，例如，扑克游戏每个玩家都有具体的得分，则定义 $R: O\times A \to R^n$，每个智能体 i_k 对应一个个人奖励值 $R^{i_k}(o^{i_k},a^{i_k})$，而足球游戏难以衡量个人得分且只有团队胜负，则定义 $R: O\times A \to R$，联合状态与联合动作最终生成单一的团队奖励值

$R(o,a)$；$P: S\times A\times S\to R$ 是状态转移函数；$E: S\to O$ 是观测函数，定义了在特定世界状态下每个智能体所对应的观测；γ 是折扣因子。

多智能体强化学习中每个智能体 i_k 并不知道准确的状态 s，而是只能观测到状态的一部分 o^{i_k}。学习的目标是获得联合策略 $\pi=(\pi^{i_1},\cdots,\pi^{i_n})$，它由每个智能体的局部策略 $\pi^{i_k}(a^{i_k}\mid o^{i_k}): O^{i_k}\times A^{i_k}\to R$ 组成，该联合策略使得累积奖励最大化。相应地，其价值函数也定义在联合观测空间和联合动作空间之上：

$$U_\pi(o)\triangleq \mathrm{E}_{a_{0:\infty}\sim\pi}\left[\sum_{\infty}^{t=0}R_t\gamma^t\mid o_0=o\right] \tag{4-10}$$

$$Q_\pi(o,a)\triangleq \mathrm{E}_{a_{1:\infty}\sim\pi}\left[\sum_{t=0}^{\infty}R_t\gamma^t\mid o_0=o,a_0=a\right] \tag{4-11}$$

能够最大化每一个联合观测上的价值的联合策略就是最优策略。目前主要的多智能体强化学习方法也可分为基于价值的方法和基于策略的方法两大类。

最原始的基于价值的方法是独立 Q 学习（IQL），它简单地令所有智能体各持有一个 Q 值网络，然后将单智能体的 DQN 算法应用到每个智能体，每个智能体在训练时把其他智能体视作环境的一部分。显然，这样的方法导致每个智能体所体验的环境是不稳定的，并且也无法体现智能体之间的交互。

价值分解网络（VDN）是具有代表性的一种基于中心化训练-分布式执行（CTDE）范式的方法。该范式是在多智能体强化学习中常用的范式，指在训练期间利用全局的信息来保证智能体之间的合作技能的学习，而在执行期间仍然根据局部的观测进行分布式的决策。VDN 旨在学习联合动作价值函数 $Q^{\text{tot}}(o,a)$，将联合动作价值函数表示为个人价值函数 $Q^{i_k}(o^{i_k},a^{i_k}\mid\phi^{i_k})$ 的总和，其中每个智能体都用一个 Q 值网络估计个人价值函数，且个人价值函数只与单个智能体的观测、动作有关，即：

$$Q^{\text{tot}}(o,a)=\sum_{n}^{k=1}Q^{i_k}(o^{i_k},a^{i_k}\mid\phi^{i_k}) \tag{4-12}$$

VDN 的训练逻辑与 DQN 类似，它的损失函数为：

$$L(\phi)=\mathrm{E}_{a\sim\pi}\left[R+\gamma\max_{a'}Q^{\text{tot}}(o',a'\mid\phi^-)-Q^{\text{tot}}(o,a\mid\phi)\right]^2 \tag{4-13}$$

其中，R 为由环境定义的团队奖励；ϕ^- 为目标网络的参数。

这种表示方法的优点是，每个智能体可以对其 Q^{i_k} 进行贪婪的行动选择，从而产生一组分布式的策略。

Q 值混合网络（QMIX）是 VDN 的改进版本，它可以拟合更加丰富的动作价值函数。其关键在于，为了能够提取与集中式策略完全一致的分布式策略，QMIX 认为不需要使用像 VDN 一样的全面分解。相反，为了保证一致性，只需要确保对 Q^{tot} 进行的全局 argmax 操作与对每个 Q^{i_k} 进行的一组单独 argmax 操作产生相同的结果，即：

$$\underset{a}{\operatorname{argmax}} Q^{\text{tot}}(o,a)=\begin{pmatrix}\underset{a^{i_1}}{\operatorname{argmax}} Q^{i_1}(o^{i_1},a^{i_1})\\ \vdots \\ \underset{a^{i_n}}{\operatorname{argmax}} Q^{i_n}(o^{i_n},a^{i_n})\end{pmatrix} \tag{4-14}$$

这就是个人全局最大化（IGM）原理，它允许每个智能体 i_k 只通过选择与其 Q^{i_k} 有关的贪婪行动来参与分布式执行。VDN 的动作价值函数表达式足以满足式（4-14），而 QMIX 则认为动作价值函数的表达式可以被推广到更大的单调函数系列，单调性可以通过对 Q^{tot} 和每个 Q^{i_k} 之间关系约束来保证：

$$\frac{\partial Q^{\text{tot}}}{\partial Q^{i_k}}\cdots 0,\quad \forall i_k \in \mathbf{N} \tag{4-15}$$

为了满足式（4-15），QMIX 使用一个由智能体网络、混合网络和一组超网络组成的架构来表示 Q^{tot}。对于每个智能体 i_k，有一个智能体网络，表示其个人价值函数 $Q^{i_k}(o^{i_k},a^{i_k})$ 。智能体网络的结构基于 DRQN，在每个时间步骤中接收智能体 i_k 当前的个体观测值 $o_t^{i_k}$ 和最后的行动 $a_t^{i_k}$ 作为输入。混合网络是一个前馈神经网络，它将智能体网络的输出作为输入，并将其单调地混合，产生 Q^{tot} 的值。为了满足式（4-15）的单调性约束，混合网络的权重（偏置除外）被限制为非负数。这使得混合网络可以接近任意的单调函数。超网络负责产生混合网络的权重。每个超网络将全局状态 s 作为输入，生成混合网络的一层权重。每个超网络包括一层单独的线性层和一个绝对值激活函数，以确保混合网络的权重是非负的。超网络的输出是一个向量，被重塑为一个适当大小的矩阵。偏置是以同样的方式产生的，但不限于非负值。最后的偏置是由一个具有 ReLU 非线性激活函数的两层超网络产生的。QMIX 采用与 VDN 类似的训练方式，最小化如下损失函数：

$$L(\phi)=\mathrm{E}_{a\sim\pi}\left[R+\gamma \max_{a'} Q^{\text{tot}}(o',a',s' \mid \phi^{-})-Q^{\text{tot}}(o,a,s \mid \phi)\right]^2 \tag{4-16}$$

由于式（4-14）成立，QMIX 可以在智能体数量的线性时间内执行 Q^{tot} 的最大化，并且由于全局状态信息 s 的利用，QMIX 可以根据智能体的具体贡献来近似任意的 Q^{tot} 与 Q^{i_k} 之间的单调组合。

除了 IQL、VDN 和 QMIX 之外，基于价值的多智能体强化学习方法还包括 Q 值变换网络（QTRAN）、双联竞争架构 Q 值网络（QPLEX）等。

基于策略的多智能体强化学习方法通常也建立在 CTDE 的范式之上，以保证智能体之间的合作。最常见的做法是基于 AC 框架，所有智能体共享同样的策略网络和价值网络，训练时通过中心的计算资源，结合所有智能体的交互经验更新策略网络和价值网络的参数，而在执行时，每个智能体持有一份训练完成的策略网络和价值网络的备份，只利用个体的观测得到自身在当前观测下的下一步动作。

一种实现简单且普遍的基于策略的多智能体强化学习方法是多智能体近端策略优化（MAPPO），它使用了一类独特的价值函数，称为优势函数（advantage function）。多智能体环境中的优势函数定义如下：

$$A_\pi(o,a) \triangleq Q_\pi(o,a) - U_\pi(o) \tag{4-17}$$

优势函数表达的是在联合观测 o 下，联合动作 a 相对于平均而言的优势。从数量关系来看，就是随机变量相对均值的偏差。优势函数其实就是将动作价值 $Q_\pi(o,a)$ 归一化到观测价值 $U_\pi(o)$ 的基线上，它的应用有助于提高学习效率，同时使训练更加稳定。在该定义下，MAPPO 构建策略网络来最大化期望轨迹的总优势函数。在 AC 框架下，MAPPO 令所有智能体共享一套策略网络和价值网络参数，并且通过智能体的综合轨迹来更新两个网络。在每一步更新中，策略网络总是朝着最大化如下 PPO-clip 目标的方向更新网络参数 θ：

$$\sum_{n}^{k=1} \mathrm{E}_{a\sim\pi_{\theta_{\text{old}}}}\left[\min\left(\begin{array}{l}\dfrac{\pi_\theta(a^{i_k} \mid o)}{\pi_{\theta_{\text{old}}}(a^{i_k} \mid o)}A_{\pi_{\theta_{\text{old}}}}(o,a),\\ \text{clip}\left(\dfrac{\pi_\theta(a^{i_k} \mid o)}{\pi_{\theta_{\text{old}}}(a^{i_k} \mid o)},1\pm\grave{o}\right)A_{\pi_{\theta_{\text{old}}}}(o,a)\end{array}\right)\right] \tag{4-18}$$

其中，θ_{old} 表示该步更新前的策略网络参数，比例 $\dfrac{\pi_\theta(a^{i_k} \mid o)}{\pi_{\theta_{\text{old}}}(a^{i_k} \mid o)}$ 称为重要性采样比，是利用旧策略 $\pi_{\theta_{\text{old}}}$ 的价值估计来更新当前策略 π_θ。的理论保证。裁剪算子 clip 在重要性采样比大于 $1+\grave{o}$ 时输出 $1+\grave{o}$，小于 $1-\grave{o}$ 时输出 $1-\grave{o}$，否则输出在 min 算子和 clip 算子的共同作用下，当优势函数大于 0 时，即策略往好的方向更新时，更新的幅度被限制在 $1+\grave{o}$ 以内，当优势函数小于 0 时，

即策略往不好的方向更新时，更新的幅度至少为 $1-\grave{o}$。MAPPO 通过这种方式来限制单步更新 π_θ 和 $\pi_{\theta_{\text{old}}}$ 之间的差距，防止价值估计的误差被放大。

除了 MAPPO 之外，具有代表性的基于策略的算法还有多智能体深度确定策略梯度（MADDPG）、反事实多智能体策略梯度（COMA）、多智能体行动器-注意力-判别器（MAAC）等。

三、课程学习

课程学习（CL）是逐渐流行的一项前沿技术，被应用在机器学习的各个领域。它是一个模仿人类学习过程的训练框架，提出机器学习模型可以先从简单的样本开始学习，再逐渐进展到复杂的样本和知识。课程学习框架在包括计算机视觉和自然语言处理在内的各种场景中表现出强大的能力，可以提高各种模型的泛化率和收敛率。

一个广义的课程的定义是指在 T 个训练步骤上的训练标准的序列 $\{C_1,\cdots,C_T\}$，其中每个训练标准 C_t 包括训练一个机器学习模型中涉及的所有元素的设计，如训练数据、模型容量、学习目标等。该训练标准的序列使用形式化的定义大致满足如下关系。

① 训练数据集的多样性随训练步骤逐渐增加，用熵（entropy）来衡量数据集的多样性，即：

$$\text{Entropy}[\text{Data}(C_t)] \leqslant \text{Entropy}[\text{Data}(C_{t+1})] \tag{4-19}$$

② 训练数据集的规模随训练步骤逐渐增加，即：

$$\text{Size}[\text{Data}(C_t)] \leqslant \text{Size}[\text{Data}(C_{t+1})] \tag{4-20}$$

③ 最终的课程应与原问题的设定一致，将原问题记作 P，即：

$$C_T = P \tag{4-21}$$

该定义中训练标准涉及的元素包括但不限于训练数据、损失函数、监督标签、模型容量、输入方案和假设空间。在整个课程序列中，这种广义的课程标准可以在各个方面逐步变化，其核心思路是让学习任务的难易程度由易向难变化，类似于人类教育中的渐进式课程。课程学习就是用这样的课程序列来训练一个模型的框架。

四、序列模型

序列模型（SM）在自然语言处理（NLP）领域取得了实质性的进展。例如，建立在 Transformer 模型基础上的 GPT 系列模型和 BERT 模型在各种下游任务中展现了卓越的性能，并在小样本通用化任务上取得了强大的性能。Transformer 模型的首次提出主要是针对 NLP 领域中传统的循环神经网络（RNN）存在的梯度消失问题，利用注意力机制来代替 RNN，将序列中的任意两个位置之间的距离缩小为一个常量，主要应用于类似机器翻译的任务。

图 4-3 展示了经典的 Transformer 模型的总体架构，模型可以分为左边的编码器（encoder）部分和右边的解码器（decoder）部分。编码器部分的输入是单词的序列，在经过嵌入并加上位置编码后进入编码器的计算块，这个计算块可以重复很多次（$N\times$次）。每个计算块包括了一个多头注意力网络（multi-

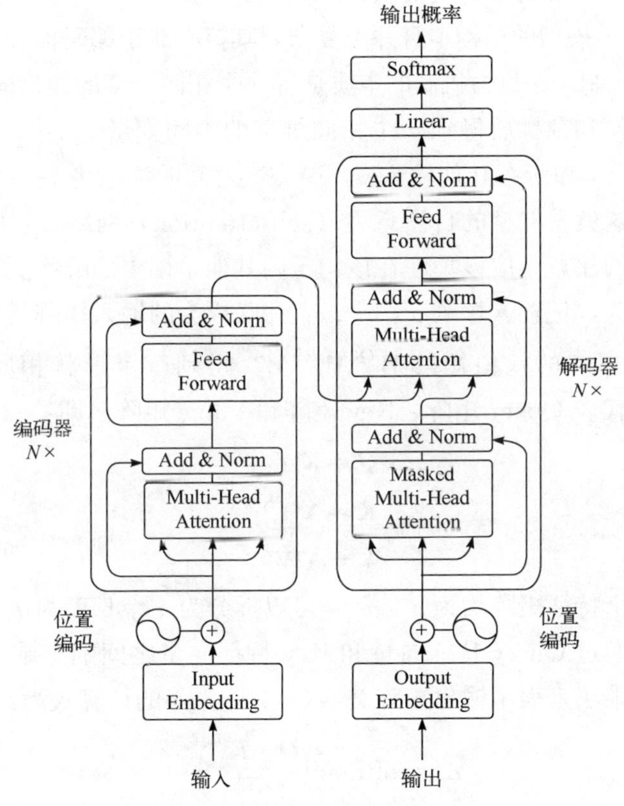

图 4-3 Transformer 模型结构图

Softmax—Softmax 层；Linear—线性层；Add & Norm—加法和归一化（Add & Norm）；Feed Forward—前馈神经网络；Multi-Head Attention—多头注意力网络（这里特指多头交叉注意力网络）；Masked Multi-Head Attention—带掩码的多头注意力网络；Output Embedding—输出嵌入层；Input Embedding—输入嵌入层；N×—表示该模块重复 N 次

head attention）和一个前馈神经网络（feed forward），并额外添加了一些残差连接和归一化处理（add & norm）。解码器部分则通过循环执行，依次输出翻译后的序列，第一次的输入是序列的前缀信息，之后的输入是上一次输出产生的当前序列。每一条输出序列在嵌入并加上位置编码后，进入一个可以重复 $N\times$次的解码器计算块，该计算块由三个部分组成：第一部分是带掩盖机制（掩码）的多头注意力网络（masked multi-head attention）；第二部分则是多头交叉注意力网络，该部分计算编码器的输出和上一部分的输出之间的注意力向量；第三部分是前馈神经网络。解码器计算块也在每一部分都使用了残差连接和归一化处理。最后，解码器通过一层线性层和一层 softmax 层输出，对当前序列中的下一个单词做出概率预测。

Transformer 模型的结构本身并不复杂，其核心在于编码器和解码器中都使用了的注意力机制。注意力机制的本质是将 n 个相同维度的输入向量 $x_1,\cdots,x_n$ 经过信息的交换和杂糅后得到 n 个相同维度的中间变量 $z_1,\cdots,z_n$，其中向量 z_i 包括了输入 x_i 和所有其他输入 $x_1,\cdots,x_n$ 之间的注意力关系，即输入之间的关联程度。这就是典型的自注意力（self-attention）网络，它的输出描述了句子中各单词的注意力应该关注在该句子内其他单词中的哪些上。自注意力网络的具体做法为，记输入序列 $x_1,\cdots,x_n$ 并联成为的输入矩阵为 $\boldsymbol{X}$，将其分别乘以三个形状相同的权值矩阵 $\boldsymbol{W}^Q,\boldsymbol{W}^K,\boldsymbol{W}^V$ 得到三个形状相同的特征矩阵 $\boldsymbol{Q},\boldsymbol{K},\boldsymbol{V}$，分别代表 Query 矩阵、Key 矩阵和 Value 矩阵，即：

$$
\begin{aligned}
\boldsymbol{Q} &= \boldsymbol{X}\boldsymbol{W}^Q \\
\boldsymbol{K} &= \boldsymbol{X}\boldsymbol{W}^K \\
\boldsymbol{V} &= \boldsymbol{X}\boldsymbol{W}^V
\end{aligned}
\tag{4-22}
$$

其中每一个特征矩阵均为 $n\times d_k$，可以拆分为 n 个长度为 d_k 的特征向量。自注意力网络通过 Query 特征向量和 Key 特征向量之间的点乘来计算注意力关系，用矩阵乘法来表示输出矩阵 $\boldsymbol{Z}=(z_1,\cdots,z_n)$ 的计算式为：

$$
\boldsymbol{Z} = \text{softmax}\left(\frac{\boldsymbol{Q}\cdot\boldsymbol{K}^{\mathrm{T}}}{\sqrt{d_k}}\right)\boldsymbol{V}
\tag{4-23}
$$

其中，$\sqrt{d_k}$ 是为了防止向量的点积过大而选择的归一化参数，softmax 函数暗示了注意力的本质是个权重向量。Query、Key、Value 的概念取自于信息检索系统，举个简单的搜索的例子来说，当在某电商平台搜索某件商品（某牌的男士白色运动鞋）时，搜索引擎上输入的内容便是 Query，然后搜索引擎会根据 Query 匹配 Key（商品的种类、品牌、颜色等），然后根据 Query 和

Key 的相似度得到匹配的内容 Value。

在 Transformer 框架中，使用的注意力网络均为多头注意力网络，实际上就是多个（h 个）通道的单头注意力网络的集成。多头注意力网络具有 h 组不同的权值矩阵 $(\boldsymbol{W}_1^Q, \boldsymbol{W}_1^K, \boldsymbol{W}_1^V), \cdots, (\boldsymbol{W}_h^Q, \boldsymbol{W}_h^K, \boldsymbol{W}_h^V)$，每一组权值矩阵都会根据式（4-22）和式（4-23）独立计算注意力向量，最终得到多个通道的输出矩阵 $\boldsymbol{Z}_1, \cdots, \boldsymbol{Z}_h$。这里的每一个输出矩阵，代表着从一个特定角度看输入之间的注意力关系。

另外，解码器计算块中还使用了掩盖机制的注意力网络。因为解码器的输出序列是按顺序依次生成的，掩盖的目的便是让序列中的第 i 个输出不能看见 i 之后的未来的信息。具体来说，在计算输出序列内部的注意力时，设 $\boldsymbol{Q} = (q_1, \cdots, q_n)$，$\boldsymbol{K} = (k_1, \cdots, k_n)$，解码器希望对于所有的 $i < j$，k_j 对 q_i 不可见，即 $q_i \cdot k_j = 0$。实现方式为产生一个下三角矩阵，对角线以及对角线左下的值都是 1，其余值都是 0。将该矩阵作用于式（4-23）中矩阵相乘的结果 $\boldsymbol{Q} \cdot \boldsymbol{K}^{\mathrm{T}}$，来屏蔽矩阵值为 0 的位置对应的向量点积，以达到掩盖的目的。

除此之外，解码器计算块的第二个注意力网络为交叉注意力网络，与自注意力网络不同，其输入不仅有来自上一层的输出，还有来自编码器的输出。实际上，该层的注意力计算表达式与式（4-23）一致，只是其中的 Query 矩阵来自解码器上一个注意力层的输出与权值矩阵 $\boldsymbol{W}^Q$ 相乘，Key 矩阵和 Value 矩阵则来自编码器的输出分别与权值矩阵 $\boldsymbol{W}^K$ 和 $\boldsymbol{W}^V$ 相乘。交叉注意力网络的输出，刻画了解码器的输出单词序列和编码器的输入单词序列之间的关联程度。

第二节　多智能体进化模型和算法研究

一、可分解函数优化的宏智能体进化模型

在智能体相关研究领域，多智能体系统作为一种特殊的计算系统，其构成要素为能够感知并反作用于环境的物理或虚拟实体，即智能体。这些智能体在种类及目的上具有多样性，既可以是同类，也可以是异类，其目的既存在相同情况，也有不同情形。当面对一个可分解为多个子问题的复杂函数优化问题时，将其视为多智能体系统是一种可行的研究视角。此时，每个子问题对应一个智能体，全局优化目标构成了智能体所处的环境，而优化过程所需的计算量则被视为环境中的资源。

从智能体的行为特征来看，它们既具备自私性，会努力占据更多环境资源以达成自身目的，又由于自身目的可能与全局目的存在冲突，在环境压力下会采取合作行为。函数优化问题的复杂度通常由维数以及变量间的非线性耦合关系来衡量，维数越高且变量间耦合度越强，算法陷入局部最优的风险就越大。针对可分解函数的优化问题，将多智能体系统与进化计算相结合而提出的宏智能体进化模型，为解决大规模函数优化问题开辟了新的研究路径，为相关领域的学术探索与实践应用提供了具有潜在价值的参考方向。

（一）可分解函数

分解函数的方法众多，然而为了实现全局最小化的目标，分解得到的每个子函数需要尽可能地与原函数保持相同，因此必须对分解方法施加特定的限制。

可分解函数的定义：若函数 $f(x)$ 可分解成 m 个子函数 $f_i^s(x_i^s)$，$i=1,2,\cdots,m$ 且 $f(x)=\mathrm{OP}_{i=1}^{m} f_i^s(x_i^s)$，则称 $f(x)$ 为可分解函数，其中 $x\in S\subseteq \mathscr{R}^n$ 且 $x_1^s\subseteq x$，$U_1 x_1^s=x$，$\mathrm{OP}=\{\Sigma,\Pi\}$。若 OP 取 Σ，则称 $f(x)$ 为分解可和函数，若 OP 取 Π，则称 $f(x)$ 为分解可积函数。进一步，若 $\forall x_i^s, x_j^s, i,j=1,2,\cdots,m$ 且 $i\neq j$，均有 $x_i^s\cap x_j^s=\varnothing$，则称 $f(x)$ 为可分离函数——若 OP 取 Σ，则称 $f(x)$ 为分离可和函数，若 OP 取 Π，则称 $f(x)$ 为分离可积函数。

由于可积函数可通过对数运算转换为可和函数，因此本章只考虑可和函数。显然，对于分离可和函数若 $\exists x^*\in S, x^*=\{x_1^{s^*}, x_2^{s^*},\cdots,x_m^{s^*}\}$，对 $\forall x\in S$，$x=\{x_1^s,x_2^s,\cdots,x_m^s\}$，均有 $f_1^s(x_1^{s^*})\leqslant f_1^s(x_1^s)$，$f_2^s(x_2^{s^*})\leqslant f_2^s(x_2^s)$，$\cdots$，$f_m^s(x_m^{s^*})\leqslant f_m^s(x_m^s)$，则 $f(x^*)\leqslant f(x)$。由此可见，分离可和函数中每个子函数的目的都与全局目的完全一致，只要对每个子函数单独优化即可。若 $x_i^s\cap x_j^s\neq\varnothing$，就不能保证每个子函数的目的与全局目的完全一致。但对于分解可和函数来说，使一个子函数最小化也可在一定程度上降低原函数的取值。当每个子函数都最小化时，它们就包含了一定量的能使原函数最小化的信息。这时若在相冲突的变量间采取一些协调措施，将非常有利于原函数的最小化。针对这种情况，我们提出了宏智能体进化模型，利用宏智能体间的相互合作来达到协调冲突变量的目的。另一方面，由于冲突是由 $x_i^s\cap x_j^s\neq\varnothing$ 导致的，因此在分解函数时应使 $x_i^s\cap x_j^s$ 尽可能地小。

（二）宏智能体

若 $f(x)$ 为分解可和函数，即 $f(x)=\sum_{m}^{t=1} f_i^s(x_i^s)$，则 k 个子函数 $f_{i_j}^s(x_{i_j}^s)$，$j=1,2,\cdots,k$ 就形成一个宏智能体（macro-agent，MA)，其中 $1\leqslant k\leqslant m$，$l\leqslant i_j\leqslant m$。MA 的能量为 $E(\mathrm{MA})=-\sum_{k}^{j=1} f_{i_j}^s(x_{i_j}^s)$，其目的为寻求能使能量最大化的 $\bigcup_{k}^{j=1} x_{i_j}^s$，为了达到目的它可采取一定的行为。

在多智能体遗传算法领域，每个智能体代表一个解向量。为了区分，我们把代表子函数的智能体命名为宏智能体。这些宏智能体的生存目标是使原函数 $f(x)$ 达到最小值。在函数优化问题中，目标是用最小的计算量得到最优解。因此，计算量可以被视为环境中的资源，而这些资源是有限的。每个宏智能体都试图尽可能多地获取这些资源，从而引发了它们之间的竞争。为了避免在竞争中落败，宏智能体必须采取一些利己的策略来增强自己的实力。但出于 $x_i^s\cap x_j^s=x_{i_j}^s\neq\varnothing$，而使 $f_i^s(x_i^s)$ 最小的 $x_{i_j}^s$ 未必使 $f_j^s(x_j^s)$ 最小，若其再一味地只使自己的能量最大，环境必然对其产生反作用。因此，当一个宏智能体的能量达到一定程度之后，为了缓解环境压力，它必须与其他宏智能体共享资源才能寻求进一步的提高。由此可见，宏智能体的行为可分为三类——竞争行为、自私行为与合作行为。这样，一个宏智能体就可以表达成如下的结构：

宏智能体 MA $\triangleq$ {

解向量集合 x^s　$x^s=\bigcup_{k}^{j=1} x_{i_j}^s$；

子函数集合 $f^s(x^s)$　$f^s(x^s)=\{f_{i_1}^s(x_{i_1}^s),f_{i_2}^s(x_{i_2}^s),\cdots,f_{i_j}^s(x_{i_j}^s)\}$；

能量 E　$E(\mathrm{MA})=-\sum_{k}^{j=1} f_{i_j}^s(x_{i_j}^s)$；

行为集合 A　$A=\{$竞争行为，自私行为，合作行为$\}$；

}

（三）宏智能体进化模型

起初，每个宏智能体仅拥有子函数集合中的一部分。鉴于全局目标是最小化原函数，期望构建一个宏智能体，它能够包含所有子函数。这与进化计算中利用构建块来形成最终解决方案的过程相似。因此，我们可以将宏智能体视为个体，并通过进化策略来达成最终目标。由于在进化过程中总是希望种群中包含所有能够造出最终解的建筑块，因此若函数分解为 $f(x)=\sum_{m}^{i=1} f_i^s(x_i^s)$ ，在开始阶段，每个子函数构成一个宏智能体，初始种群中每个宏智能体的数量至少为 1，意味着初始种群的规模至少为 m。此外，在进化过程中，必须确保每一代种群中都包含若干宏智能体，其子函数集合的并集覆盖了初始分解时的所有子函数。这要求在进化过程中对宏智能体的行为施加特定的限制。

$\forall \mathrm{MA}_1, \mathrm{MA}_2$，若 $\mathrm{MA}_1(f^s(x^s)) \subseteq \mathrm{MA}_2(f^s(x^s))$ 或 $\mathrm{MA}_2(f^s(x^s)) \subseteq \mathrm{MA}_1(f^s(x^s))$ ，则 MA_1 和 MA_2 为同类宏智能体，否则为异类宏智能体。若 MA_1 和 MA_2 为异类宏智能体且 $\mathrm{MA}_1(x^s) \cap \mathrm{MA}_2(x^s)=\varnothing$ ，则 MA_1 和 MA_2 为完全异类，否则为非完全异类。其中 $\mathrm{MA}(\cdot)$ 表示取该宏智能体的相应部分。

根据上述定义，可以看出，为了实现全局目标，两个相似的宏智能体所掌握的信息是大体相同的。为了资源的节约，只需保留其中一个即可，这导致它们之间必然形成竞争。两个完全不同种类的宏智能体之间不存在利益上的对立，因此它们之间不会发生相互作用。然而，两个部分相似的宏智能体则拥有相互冲突的变量，它们必须通过相互协调来更好地适应环境，所以它们之间必然是合作的关系。基于此，宏智能体的行为可以进一步阐释为：自私行为，即宏智能体采取特定策略以最大化其能量的行为。

竞争行为中，对于两个同类的宏智能体 MA_1 和 MA_2，不妨设 $\mathrm{MA}_1[f^s(x^s)] \subseteq \mathrm{MA}_2[f^s(x^s)]$。若 $\mathrm{MA}_1[f^s(x^s)] \subset \mathrm{MA}_2[f^s(x^s)]$，则 MA_1 竞争失败，必须死亡；若 $\mathrm{MA}_1[f^s(x^s)]=\mathrm{MA}_2[f^s(x^s)]$ 且 $E(\mathrm{MA}_1)>E(\mathrm{MA}_2)$，则 MA_2 竞争失败，必须死亡，否则 MA_1 死亡。若让竞争中落败的宏智能体直接消亡，那么它所占用的资源便被白白浪费。因此，应将它的一些信息迁移到胜利的宏智能体中。信息转移的方法多样，可以根据实际问题来定制，通常与它们的自私行为有关。比如，如果自私行为是通过进化手段来最大化能量，那么每个宏智能体都代表一个种群。这样，就可以让失败宏智能体的种群中较优秀的个体与胜利宏智能体的种群中的个体进行互动。

合作行为中，对于两个非完全异类的宏智能体 MA_1 和 MA_2，主要协调 $x_{12}^s=\mathrm{MA}_1(x^s) \cap \mathrm{MA}_2(x^s)$ 。协调的方式很多，可根据具体问题来设计。例如将 $\mathrm{MA}_1(x^s)$ 和 $\mathrm{MA}_2(x^s)$ 的取值相平均来得到 x_{12}^s。协调方法需与自私行为相适应。例如，若自私行为旨在通过进化途径最大化能量，那么可以协调两个宏智能体对应的种群。合作通常产生两种结果：一是合作后仍保持两个宏智能体，仅调整了冲突变量；二是两个宏智能体合并为一。鉴于我们期望得到一个包含所有子函数的宏智能体，通常我们会选择后者。所述三种行为在宏智能体进化中扮演不同角色。显然，自私行为是宏智能体能量提升的关键，合作行为则主要解决变量冲突。至于竞争行为，尽管自然界中不可避免，但同类宏智能体会共享资源。竞争行为的益处在于维持多样性，反映协同进化理念，因此是否采用应视具体情况而定。

宏智能体进化模型的算法步骤如下。

设函数分解形式为 $f(x)=\sum_{m}^{i=1} f_i^s(x_i^s)$，初始种群规模为 PopSize 且 PopSize$\geqslant m$。

① 初始化由宏智能体构成的种群 $\mathrm{Pop}^0 \leftarrow \mathrm{MA}_i, i=1,2,\cdots,\mathrm{PopSize}$，令 MA_i 为 $\mathrm{MA}_i(x^s) \leftarrow \{x_k^s\}$，$\mathrm{MA}_i[f^s(x^s)] \leftarrow \{f_k^s(x_k^s)\}$，$E(\mathrm{MA}_i) \leftarrow f_k^s(x_k^s)$。其中如果 $i \leqslant m$，则 $k \leftarrow i$；否则 k 为 1 到 m 中的随机整数。$t \leftarrow 0$。

② 用自私行为中所采用的优化方法对 Pop^0 中的每个宏智能体进行优化，并令 $t \leftarrow t+1$。

③ 如果终止条件满足，则停止并输出结果。

④ 从 Pop^t 中随机选择一个宏智能体 MA_1，随机确定其行为是自私还是非自私。若是自私，则用所采用的优化方法对其子函数集合进行优化，将 MA_1 从 Pop^t 中删除并加入 Pop^{t+1}，转步骤⑥。

⑤ 从 Pop^t 中随机选择另一个宏智能体 MA_2。若 MA_1 和 MA_2 为同类宏智能体，则产生竞争行为，将 MA_1 和 MA_2 从 Pop^t 中删除并将获胜的宏智能体加入 Pop^{t+1}；若 MA_1 和 MA_2 为非完全异类宏智能体，则产生合作行为，将 MA_1 和 MA_2 从 Pop^t 中删除并将合作后的宏智能体加入 Pop^{t+1}。

⑥ 若 Pop^t 中还有宏智能体，则转步骤④；否则令 $t \leftarrow t+1$，转步骤③。

在该模型中，首先每个子函数被用来构建一个宏智能体，而其他宏智能体则随机挑选子函数。这确保了初始种群中每个子函数构成的宏智能体数量至少为 1。由于宏智能体在开始时能量较低，步骤②确保了它们都能获得初步发展。从全局优化的角度来看，当种群中任意两个宏智能体完全不同时，停止是终止条件。根据模型的步骤④～⑥，这些宏智能体的子函数集合必然包含所有初始分解的子函数，其解向量通过自私和竞争行为进化，并且通过合作行为调整了所有冲突变量。

为了与现有技术保持一致，模型中每个子函数仅计算一次，算作一次函数评估。因此，模型也可以根据特定的计算量或精度来停止，这是测试算法性能的常见方法。如果基于计算量停止，算法可能在不满足上述终止条件时就终止了，但步骤③～⑤确保了在任何一代种群中都存在一些宏智能体，其子函数集合的并集覆盖了所有子函数，因此通过简单的调整就能得到结果。例如，先让同类宏智能体竞争，每类只留下一个；然后让非完全异类的宏智能体合作。如果基于精度停止，则需要将种群进化至只剩一个宏智能体或若干个完全异类的宏智能体，再用自私行为进行优化。这是一个通用模型，其中函数分解方式和优化方法可以根据具体问题进行设计。

（四）层次多智能体遗传算法

人类在处理复杂系统时，通常会将其拆解为不同的层级，这是一种行之有效的方法。在日常生活中，无论是商业、工程还是科学领域，许多复杂的系统都呈现出层次分明的结构。例如，大学由多个学院构成，而每个学院又进一步细分为不同的系。通常情况下，子系统内部的相互作用比子系统之间的相互作用更为紧密。面对高维复杂函数的优化问题，我们同样可以通过划分不同层次来简化问题的解决过程。

1. 算法描述

遵循最小化子函数间冲突变量的准则，首先将复杂函数拆解为更小的子函数，接着继续拆分这些子函数，直至获得更微小的子函数。无论其规模如何，每个子函数都构成一个宏智能体。最终，依据子函数集合内元素的数量，将宏智能体划分为不同的层级——数量相同的宏智能体位于同一层级，数量越多则层级越高。通过这种方式，所有的宏智能体被构建为一个层次化的结构，其中最顶层的宏智能体对应着最初的复杂函数。下面以 Rosenbrock 函数为例说明层次分解的方式，Rosenbrock 函数见式（4-24）。这是一个著名的测试算法优化能力的标准函数，它的全局最小值 0 在 $x^*=[1,1,\cdots,1]$ 取得。式（4-25）给出了当 $n=9$ 时，Rosenbrock 函数的层次分解方式，它可表示成图 4-4 所示的形式。从式（4-24）、式（4-25）和图 4-4 可以看出，第 1、2 和 3 层宏智能体解向量集合的元素个数分别为 5、3 和 2，相对具有 9 个变量的原函数来说，降低了搜索空间的维数，这也就降低了函数的复杂度。

$$f(x)=\sum_{n-1}^{i=1} f_i(x_i,x_{i+1}),x\in \mathbf{R}^n$$

$$f_i(x_i,x_{i+1})=100(x_{i+1}-x_i^2)^2+(x_i-1)^2,-5.12\leqslant x_i\leqslant 5.12 \tag{4-24}$$

$$
\begin{aligned}
& f_{00}=f_1+\cdots+f_8 \\
& f_{11}=f_1+\cdots+f_4, f_{12}=f_5+\cdots+f_8 \\
& f_{21}=f_1+f_2, f_{22}=f_3+f_4, f_{23}=f_5+f_6, f_{24}=f_7+f_8 \\
& f_{31}=f_1, f_{32}=f_2, f_{33}=f_3, f_{34}=f_4, f_{35}=f_5, f_{36}=f_6, f_{37}=f_7, f_{38}=f_8
\end{aligned} \tag{4-25}
$$

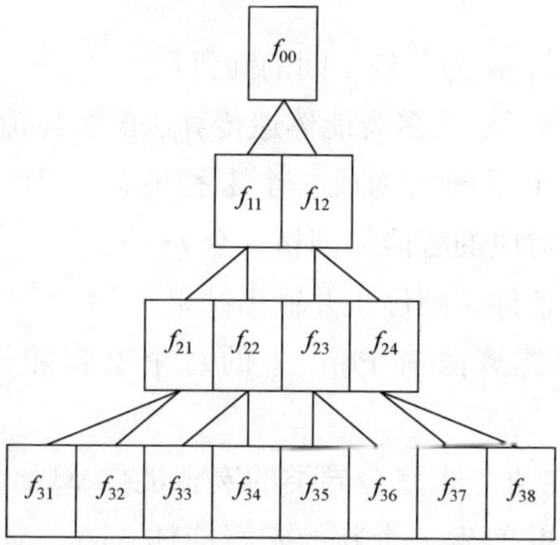

图 4-4 Rosenbrock 函数层次分解示意图❶

观察上述的分解策略，可以发现优化过程应从底层向上进行，直至触及顶层，从而彻底解决初始问题。本策略采用多智能体遗传算法来优化宏智能体的自私行为。需对最底层的宏智能体应用多智能体遗传算法进行优化，随后通过合作行为自下而上构建更高层次的宏智能体，如此循环，直至顶层宏智能体得到优化，这即为层次多智能体遗传算法的核心。在此方法中，初始种群的规模等同于分解过程中最底层宏智能体的数量。为简化操作，我们设定每个宏智能体所对应的智能体网格尺寸保持一致。合作行为将两个低层宏智能体合并为一个高层宏智能体，具体合并方式为：

设将 MA_1 和 MA_2 合并为 MA，则令 $MA(x^s) \leftarrow MA_1(x^s) \cup MA_2(x^s)$，$MA[f^s(x^s)] \leftarrow MA_1[f^s(x^s)] \cup MA_2[f^s(x^s)]$。$MA_1$、$MA_2$ 和 MA 对应的智能体网格分别为 L^1、L^2 和 L，其规模均为 $L_{size} \times L_{size}$。设 L^1、L^2 和 L 的第 i 行、第 j 列的智能体分别为 $L_{ij}^1=(l_{ij,1}^1, l_{ij,2}^1, \cdots, l_{ij,n}^1)$、$L_{ij}^2=$

❶ 本图出自：钟伟才. 多智能体进化模型和算法研究 [D]. 西安：西安电子科技大学，2004：65-95.

$(l_{i,1,1}^2, l_{ij,2}^2, \cdots, l_{ij,n}^2)$ 和 $L_{ij}=(l_{ij,1}, l_{ij,2}, \cdots, l_{ij,n})$，则 L_{ij} ,$i,j=1,2,\cdots,L_{\text{size}}$ 的产生方式见式（4-26）：

$$\begin{cases} l_{ij,k}=l_{i,k}^1, & [l_{ij,k}\in \mathrm{MA}_1(x^s)] \,\&\, (l_{ij,k}\notin [\mathrm{MA}_1(x^s)\cap \mathrm{MA}_2(x^s)]) \\ l_{ij,k}=l_{ij,k}^2, & [l_{ij,k}\in \mathrm{MA}_2(x^s)] \,\&\, (l_{ij,k}\notin [\mathrm{MA}_1(x^s)\cap \mathrm{MA}_2(x^s)]) \\ l_{ij,k}=\alpha l_{i,k}^1+(1-\alpha)l_{ij,k}^2, & l_{ij,k}\in [\mathrm{MA}_1(x^s)\cap \mathrm{MA}_2(x^s)] \end{cases} \tag{4-26}$$

其中 $k=1,2,\cdots,n$，α 为 0 到 1 间的随机数。

以下算法详细描述了层次多智能体遗传算法的整体流程。

① 用最底层的每个子函数构成一个宏智能体以形成 Pop^0，随机初始化 Pop^0 中每个宏智能体对应的智能体网格。令 $t\leftarrow 0$。

② 如果满足终止条件，则停止并输出结果。

③ 用多智能体遗传算法对 Pop^t 中的每个宏智能体的子函数集合进行优化。

④ 若 Pop^t 中存在两个非完全异类的宏智能体 MA_1 和 MA_2，则 MA_1 和 MA_2 发生合作行为，并产生一个新的宏智能体 MA，MA 对应的智能体网格由式（4-26）确定，将 MA_1 和 MA_2 从 Pop^t 中删除，将 MA 加入 Pop^{t+1}，若仍存在可合作的宏智能体，则重复本步骤，否则转步骤⑤。

⑤ 若 Pop^t 中还有宏智能体，则将其移入 Pop^{t+1}，令 $t\leftarrow t+1$，转步骤②。

2. 收敛性证明与时间复杂度分析

多智能体遗传算法具有全局收敛性。层次多智能体遗传算法同样也具有全局收敛性。

证明如下。

设函数分解形式为 $f(x)=\sum_{m}^{i=1} f_i^s(x_i^s)$，则根据宏智能体进化模型的算法和层次多智能体遗传算法的步骤①可知，初始化时每个 $f_i^s(x_i^s), i=1,2,\cdots,m$ 形成一个宏智能体，记为 MA_i'。

$x_i^s, i=1,2,\cdots,m$ 可分成 m' 组，记为 $X_i^g, i=1,2,\cdots,m'$，如式（4-27）～式（4-30）所示：

$$1\leqslant m'\leqslant m \tag{4-27}$$

$$X_i^g=\{x_i^s \mid j=1,2,\cdots,|X_i^g|\}, i=1,2,\cdots,m', i_j\in\{1,2,\cdots,m\} \tag{4-28}$$

$$\bigcup_{i=1}^{m'} X_i^g = \{x_k^s \mid k=1,2,\cdots,m\} \tag{4-29}$$

$$\begin{aligned} &\forall X_i^g, X_k^g, i,k \in \{1,2,\cdots,m'\}, i \neq k, \\ &(X_i^g \cap X_k^g = \varnothing) \,\&\, (\bigcup_{j=1}^{|X_i^g|} x_{i_j}^s) \cap (\bigcup_{i=1}^{|X_i^g|} x_{k_i}^s) = \varnothing \end{aligned} \tag{4-30}$$

则 $X_i^g, i=1,2,\cdots,m'$ 可形成 m' 个相互均为完全异类的宏智能体，记为 $\mathrm{MA}_i^U, i=1,2,\cdots,m'$，其中：

$$\begin{cases} \mathrm{MA}_i\,[f^s(x^s)] = \{f_{i_j}^s(x_i^s) \mid j=1,2,\cdots,|X_i^g|\} \\ \mathrm{MA}_i(x^s) = \{x_{i_j}^s \mid j=1,2,\cdots,|X_i^g|\} \end{cases}, \quad i=1,2,\cdots,m' \tag{4-31}$$

根据式（4-31）可知，对 $\forall \mathrm{MA'}_i$ 和 $\mathrm{MA'}_j$，若 $\mathrm{MA'}_i(x^s) \subseteq X_{i'}^g$，$\mathrm{MA}'_j(x^s) \subseteq X_{j'}^g$ 且 $i' \neq j'$，则 MA'_i 和 MA'_j 为完全异类的宏智能体。由层次多智能体遗传算法的步骤④可知只有两个非完全异类的宏智能体才能发生合作行为。因此，对于任意两个能发生合作行为的宏智能体，MA_1 和 MA_2，设其产生的新宏智能体为 MA，则有：

$$\mathrm{MA}_1(x^s) \subseteq X_i^g, \mathrm{MA}_2(x^s) \subseteq X_i^g, \mathrm{MA}(x^s) \subseteq X_i^g, i=1,2,\cdots,m' \tag{4-32}$$

即 MA_1、MA_2 和 MA 的解向量集合都属于同一组。

因此，根据层次多智能体遗传算法的步骤②～⑤可知，初始的宏智能体 $\mathrm{MA}_i^U, i=1,2,\cdots,m$ 必然会进化到 $\mathrm{MA}_j^U, j=1,2,\cdots,m'$。此时，算法不再执行步骤④，而是只用多智能体遗传算法对每个 MA_j^U 的子函数集合进行优化。由于各个 MA_j^U 的解向量集合间没有相同的变量，而且多智能体遗传算法具有全局收敛性，因此层次多智能体遗传算法具有全局收敛性。

二、组合优化多智能体进化算法

进化算法，包括遗传算法在内，是一种独特的算法类别。它相较于传统优化技术，因其简便性、通用性、强大的鲁棒性以及易于并行处理等特性，在数值优化、组合优化、分类器设计等多个领域得到了广泛应用。然而，经验表明，单纯依靠遗传算法这类进化算法来模拟生物智能处理问题还是有所不足，需要进一步深入探索和利用生物智能的潜力。

结合多智能体系统与进化算法，深入探讨进化算法在组合优化问题上的核心应用领域。组合优化问题通常包含众多局部极值，它们往往是不可微分、不连续、多维的、受限的、高度非线性的NP难题。基于这些特点，本部分设计了智能体的竞争与自学习行为，并提出了多智能体进化算法用于组合优化。通过实验，我们使用了多种类型的欺骗函数，包括强联接、弱联接、重叠联接等，对算法性能进行了全面评估，并将算法应用于解决具有树状结构的等级问题。

（一）用于组合优化的智能体

智能体的含义、特征以及在解决组合优化问题时所需的关键设计要素，为构建适用于此类问题的智能体提供了基础。组合优化涉及在离散且有限的数学框架内，寻找满足特定约束条件且目标函数值最优的解，其形式可概括为：确定问题的索引空间，目标函数 f 旨在确定最优解。鉴于组合优化问题的搜索空间为离散状态空间，二进制编码成为表示搜索空间中各状态的普遍方法，这在进化算法中尤为常见。这样，一个智能体就代表搜索空间中的一个状态。

定义如下。一个智能体，$\boldsymbol{a}$，是待优化问题的一个候选解，表达成一个二值向量：

$$\boldsymbol{a}=(a_1,a_2,\cdots,a_n)\in \boldsymbol{S}，a_i=0 \text{ 或 } 1，1\leqslant i\leqslant n \tag{4-33}$$

其中，n 为问题规模。该智能体的能量等于其目标函数值，即 $Energy(\boldsymbol{a})=f(\boldsymbol{a})$，它的目的就是最大化其能量。

所有智能体都生存在一个环形网格上，称为智能体网格，记为 L。设智能体网格的规模为（$L_{\text{size}}\times L_{\text{size}}$），则其组织形式如图4-5所示，其中每个方框代表一个智能体，而框中的数字则为该智能体所处的行列位置，以下记处在第 i 行、第 j 列的智能体为 L_{ij}。每个智能体占一个格点位置且不能移动，但由于它能够感知其局部环境，它可与其周围的智能体发生相互作用，而能与其发生作用的智能体则由参数感知范围决定，记为 R_s。对于智能体 L_{ij}，能与其发生相互作用的智能体为：

$$L_{k,l},(i-R_s)\leqslant k\leqslant(i+R_s),(j-R_s)\leqslant l\leqslant(j+R_s) \tag{4-34}$$

由于智能体网格为环形，因此 $k=\begin{cases}k+L_{\text{size}}，& k<1\\ k-L_{\text{size}}，& k>L_{\text{size}}\end{cases}$，$l=\begin{cases}l+L_{\text{size}}，& l<1\\ l-L_{\text{size}}，& l>L_{\text{size}}\end{cases}$，称能与 L_{ij} 发生相互作用的智能体为 L_{ij} 的邻域，记为 N_{ij}。实际上，对于智能体的不同行为，它的感知范围是不同的，因而它的邻域也是不同的。

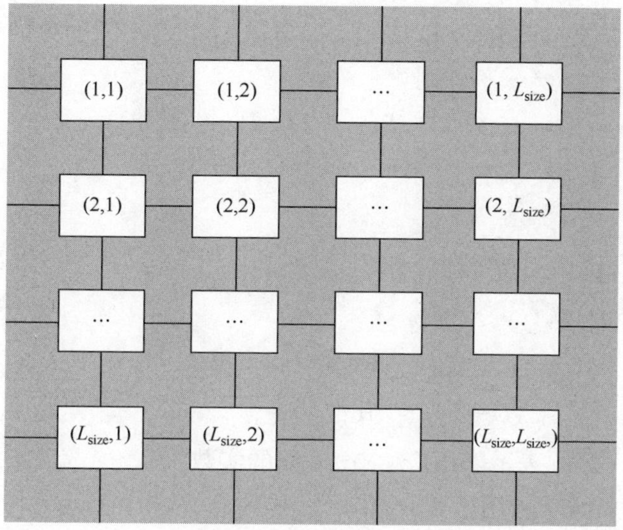

图 4-5　智能体网格

（二）智能体的行为

在解决组合优化问题时，我们自然期望以最小的计算代价获得最优的解决方案，因此计算代价可视为智能体生存环境中的宝贵资源。智能体的行动是由其目标引导的，但环境中的资源却是有限的。为了实现目标，每个智能体都试图尽可能多地控制资源，这引发了智能体之间的激烈竞争。为了避免在竞争中落败，智能体会采取特定策略以增强自身实力。因此，可以设计两种类型的智能体行为（即竞争行为和自学习行为），以帮助智能体实现其目标。

1. 竞争行为

在竞争过程中，每个智能体的感知范围固定为 1，这个范围内的区域被称作竞争邻域。这意味着每个智能体的竞争邻域内包含 8 个智能体，用 N^c 表示。对于特定的智能体 L_{ij}，它会与竞争邻域内的智能体进行能量比较。如果 L_{ij} 的能量不低于竞争邻域中任何一个智能体的能量，它就有资格继续存在；反之，它将被淘汰，其位置将被竞争邻域中能量最高的智能体的后代占据。具体描述如下。

设 $L_{ij}=(l_1,l_2,\cdots,l_n)$，且 $Energy(\boldsymbol{a})\leqslant Energy(\boldsymbol{a}_{\max})$。若 $Energy(L_{ij})<Energy(\boldsymbol{a}_{\max})$，则用 $\boldsymbol{a}_{\max}$ 产生一个子代，$\boldsymbol{c}=(c_1,c_2,\cdots,c_n)$，来代替 L_{ij}，

具体产生方式有两种：

① 第一种方式：令集合 D 表示 L_{ij} 与 $\boldsymbol{a}_{\max}$ 取值不同的位的序号，即 $D=\{i \mid 1\leqslant i\leqslant n, l_i\neq a_i\}$，则：

$$c_i=\begin{cases}a_i, & (i\notin D)\text{ 或}[i\in D \& \text{Random}(2)=0] \\ 1-a_i, & \text{其他}\end{cases}, 1\leqslant i\leqslant n \tag{4-35}$$

其中，Random(2) 表示随机产生 0 或 1。

② 第二种方式：

$$c_i=\begin{cases}a_i, & \text{Random}>1/n \\ 1-a_i, & \text{其他}\end{cases}, 1\leqslant i\leqslant n \tag{4-36}$$

其中，Random 表示随机产生 0～1 间的实数。

第一种方式同时利用了 L_{ij} 和 $\boldsymbol{a}_{\max}$ 的信息来产生子代 $\boldsymbol{c}$，它随机取一些 L_{ij} 和 $\boldsymbol{a}_{\max}$ 不同的位来修改 $\boldsymbol{a}_{\max}$ 所对应的位。第二种方式则是进化算法中常用的按位变异。集合 D 中元素的个数实际上就等于 L_j 和 $\boldsymbol{a}_{\max}$ 的海明距离，而当 $|D|$ 较小时，说明 L_{ij} 和 $\boldsymbol{a}_{\max}$ 的海明距离较小，两智能体比较相似，用第一种方式产生更优的智能体的概率较小，所以我们引入了一个参数 $D^h\in(0, 1)$ 来确定采用哪种方式产生 $\boldsymbol{c}$：若 $|D|/n>D^h$，则采用第一种方式，否则采用第二种方式。

2. 自学习行为

在自学习行为中，每个智能体的感知范围记为 R_s^l，此时的邻域称为自学习邻域，即每个智能体的自学习邻域中有 $[(2R_s^l+1)^2-1]$ 个智能体，记为 N^l。自学习行为旨在增强智能体自身的能量，然而环境中的资源是有限的，因此只有当一个智能体的能量大于或等于其自我学习领域内任何其他智能体的能量时，它才有机会进行一次自我学习。

第三节　基于双模型强化学习方法的机器人模糊控制

机器人导航技术是机器人学和人工智能研究的焦点，它在很大程度上展现了自主机器人的智能化程度。导航问题涉及机器人利用传感器系统感知环境，并做出适当动作以实现精确定位和运动控制。模糊逻辑控制器（FLC）因其符合人类思维习惯、易于整合专家知识、无需精确模型、快速和鲁棒等特性，已成为反应式机器人导航的关键技术。然而，在缺少专家知识和实际应用复杂性的情况下，设计一个完善的多输入/多输出（MIMO）模糊系统是复杂且困难的，甚至难以实现。因此，机器人能够自主建立模糊规则库以适应环境，具有重要的实际意义。

近年来，无模型强化学习（MF-RL）方法显示了价值函数逼近器在学习多种任务中的潜力：从复杂的机器人控制到专家级游戏技能的学习。但是，这些无模型算法需要大量交互训练，当与高容量函数逼近器结合时，交互训练难度显著增加，这限制了深度强化学习（RL）在实际任务中的应用。本章节提出了一种双模型强化学习算法（DMPG），它利用预言家和评论家网络来指导智能体的学习。预言家模块由先验环境模型和参考路径构成，用于指导智能体学习；评论家模块则用于增强智能体能力并纠正环境模型偏差。值得注意的是，参考路径数据比模仿学习中的专家状态-动作更易获取数据，且预言家模块减少了与环境的交互次数。

利用有限的专家数据提升强化学习的计算效率是一种有效策略。模仿学习是一种高效的学习方法，它使智能体与专家表现一致。例如，生成对抗式模仿学习仅需专家的轨迹样本来学习策略。在逆向强化学习框架中，对抗方法也适用于学习奖励函数，确保专家是唯一最优解。然而，这些方法面临优化挑战，如平衡生成器和鉴别器的性能。行为克隆方法虽然简单，但通常需要大量数据才能有效学习。DeeplyAggreVaTeD 是另一个例子，但该方法需要为决策提供值函数。尽管这些算法能在专家轨迹样本的指导下更高效地学习智能体，但若不结合模仿学习与强化学习，智能体将无法超越专家的能力。

模型预测控制（MPC）是一种成熟的技术，用于优化受变量和输出约束的多变量系统控制。MPC 本质上是基于模型的迭代优化控制方法，它在时间 t 对当前状态采样，并通过数值最小化算法计算未来较短时间内的最优控制策略。本研究拟合专家状态转换信息到动态模型上，以实现成本最小化控制，进而训练智能体。在我们的方法中，MPC 的参考路径被专家状态转换路径替代，算法直接学习智能体的控制方式，而非优化当前状态下的策略。在初期，还利用专家状态转换信息和智能体的控制输出来训练评论家网络。利用标准的有监督学习技术，可以快速完成学习动态模型的训练过程。最终，将预测输出与实际输出之间的偏差作为奖励的一部分，以促进无模型强化学习的探索。我们的方法具有两个明显优势：首先，在训练过程中，算法仅需专家状态转换信息，这在多数实际任务中比专家状态对数据更易获得；其次，通过专家信息训练评论家网络，使智能体能够追求稳定和积极的结果，同时避免在与环境交互时做出不可逆的错误决策。

一、整体设计过程

在 DMPG 框架下，环境模型与参考路径共同构成了预言家模块。首先，采用标准监督学习技术对动态模型进行训练，或者直接依据物理运动法则对环境进行建模。利用多层神经网络对环境模型进行模拟，并利用现有的离线数据和标准监督训练技术，有效地完成模型训练。其次，通过预言家和评论家这两个模型来引导智能体的训练。依据 MPC 理论，结合动态模型和专家数据，可以训练出智能体。这一过程被称为基于模型的先知指导（MPG）。然而，仅依靠 MPG 训练的智能体能力有限，因此引入了基于 MPG 的经典无模型训练方法（DDPG）。在 DDPG 中，智能体的学习过程是通过最大化评论家输出来指导的，这被称为无模型的评论家指导（MCG）。MPG 和 MCG 均利用链式传播法则来增强智能体的能力。在训练的最终阶段，再次运用 DDPG 方法，以培养出能力更佳的智能体。

二、动态模型训练

使用带有参数的深度神经网络来模拟动态模型。一种直接参数化神经网络的方式是将当前状态 s_t 和动作 a 作为输入，然后输出预测的下一个状态 s_{t+1}。我们遵循另一种训练神经网络的方式，预测归一化的状态差 $\Delta s=s_{t+1}-s_t$ ，而不是预测下一个状态。状态 s_t 和 s_{t+1} 过于相似，并且动作对输出的影响似乎很小时，直接预测下一状态存在一定困难，预测归一化的状态差异是解决学习动态模型的难题的有效方法。因而，预测的下一个状态方式如下：

$$\hat{s}_{t+1}=s_t+\hat{f}_{\theta^e}(s_t,a_t) \tag{4-37}$$

即便状态间的差别细微，此方法亦能有效地展现出潜在的状态。

所有环境模型的动态模型训练数据，均来源于随机控制器以及部分训练智能体在环境中的交互轨迹。这种方法为离线训练数据的收集提供了随机控制的途径。该方法通过对起始配置 $s_0\sim p(s_0)$ 进行采样，在每种状态下执行随机动作以及产生轨迹 $\tau=(s_0;\ a_0;\ \cdots;\ s_{H-2};\ a_{H-2};\ s_{H-1})$ 。然而，获取具备专家级行为的动作序列对于随机控制器而言颇具挑战，这限制了利用专家知识来训练智能体的能力。因此，在训练智能体时，那些已经接受过初步训练的智能体，同样能够从环境中搜集数据，并在随后的迭代过程中，继续对动态模型进行训练。通过随机梯度下降法，我们能够寻找到最小化 l_2 一步预测损失的方法，从而实现对动态模型参数的学习：

$$\min_{\theta} \frac{1}{|D|} \sum_{(s_t, a_t, s_{t+1}) \in D} \frac{1}{2} \| s_{t+1} - s_t - \hat{f}_{\theta^e}(s_t, a_t) \|^2 \tag{4-38}$$

D 中存储了利用随机控制器搜集的状态转移轨迹数据集。为了保证损失函数在状态的各个维度上权重一致，我们采用了零均值归一化技术对数据进行了标准化处理。这种方法在状态变化较小时表现优异。在训练数据集 D 的过程中，为了避免过度拟合，我们采取了基于验证损失值的及时停止训练的策略。

三、基于模型的预言家指导

MPG 的作用在于通过专家状态转移信息的指导来使智能体可以进行有效的学习，并且为了使得值函数尽可能满足 Bellman 方程，以便智能体与环境开始交互的时候可以使用 TD 更新对其进行训练，在 MPG 流程中，我们的动作网络（智能体）的训练数据是从专家轨迹中采样得到的。可以使用长度为 T 的 $P=(d_0, d_1, \cdots, d_{T-1})$ 记录专家状态转移信息的路径。为了同步模拟评论家网络的值函数，该算法使用了部分训练的动作网络与环境交互的生成数据 (s_t, a_t, r, s_{t+1}) 以训练评论家网络和动态模型，且与评论家网络并行地指导动作网络的训练。专家状态转换拟合用于提高智能体的训练效率，而在线互动训练评论家则可确保网络满足 Bellman 方程，并可作为 TD 学习的起点。

具备预测未来事件能力的 MPC 能够实施相应的控制策略。本算法通过学习行为策略，确保在动态模型中专家状态转移路径是唯一的最优解。与 DDPG 算法类似，本方法同样维护一个参数化的智能体函数，该函数通过确定性地将状态映射到特定动作来定义当前策略。因此，能够利用以下损失函数来训练动作网络：

$$\begin{aligned}\nabla_{\theta^\mu} \mathrm{MSE} &= \nabla_{\theta^\mu} \frac{1}{2} \| (d_{t+1} - d_t - \hat{f}(d_t, a \mid \theta^e) |_{a=\mu(d_t|\theta^\mu)}) \|^2 \\ &= \nabla_a \frac{1}{2} \| (d_{t+1} - d_t - \hat{f}(d_t, a \mid \theta^e) |_{a=\mu(d_t)}) \|^2 \nabla_{\theta^\mu} \mu(d_t \mid \theta^\mu)\end{aligned} \tag{4-39}$$

引入非线性函数逼近器，与 MB-RL 算法相同，意味着避免策略受到模型不确定性的干扰是一项挑战。然而，使用近似模型的主要意图是提升训练的效率，策略的收敛并不完全依赖于近似动态模型。我们将这种基于 MPC 原理，通过模型和参考路径引导学习的方法，称为基于模型的先知指导（MPG）。

四、无模型评论家指导

在演员评论家的无模型的强化学习方法中，使用函数逼近器来输出动作值函数。用参数化为 θ^q 的神经网络来近似地表达动作值函数。θ^q 可以根据基于值的或演员评论家强化学习算法的方式来更新。考虑到我们使用带有深度强化学习（DDPG）方法进行无模型优化，可以通过最小化下面的损失来优化神经网络：

$$L(\theta^q)=\mathrm{E}_{s,a\sim\pi,r\sim nv}[q(s_t,a_t\mid\theta^q)-y_t]^2 \tag{4-40}$$

其中：

$$y_t=r(s_t,a_t)+\gamma q(s_{t+1},\mu(s_{t+1})\mid\theta^q) \tag{4-41}$$

评论家网络的更新过程能够通过在线与离线训练方法实现。在同时训练预言家和评论家时，该算法无需对样本独立性作出严格假设，故而能够直接应用在线训练技术。策略的训练旨在最大化两个奖励之和。其中一个信号，旨在让网络更加关注系统复杂性建模，被设计为由好奇心驱动的内在奖励。除了内在奖励，智能体同样从外部环境中获得外在奖励。

$$r(s_t,a_t)=r_{\mathrm{env}}(s_t,a_t)+\max\{0.01,\min[\rho(\mathrm{mean}|s_{t+1}-\hat{f}(s_t,a_t)|),0.2]\} \tag{4-42}$$

其中，ρ 是等于 10 的加权因子。

五、使用 DDPG 提升智能体

在 MPG 和 MCG 的处理后，该算法能在一定程度上达到接近专家的策略水平，并且能够作为无模型强化学习算法的起始策略。具体而言，我们采用了深度强化学习（DDPG）来进一步增强性能。评论家 $q(s,a)$ 是通过 Bellman 方程进行学习的。在使用神经网络进行强化学习时，一个主要挑战是大多数优化算法都假定样本是独立同分布的。然而，在环境中顺序生成样本时，这一假设便不再适用。此外，为了充分利用硬件优化，必须采用批处理学习而非在线学习。我们假定每批离线采样的数据均源自策略 β。依据 DDPG 的定义，可以利用链式法则来更新智能体，即通过最大化评论家的预期回报来反向传播优化动作网络参数：

$$\begin{aligned}\nabla_{\theta^\mu}J &\approx \mathrm{E}_{s_t\sim\rho^\beta}[\nabla_{\theta^\mu}q(s,a\mid\theta^q)|_{s=s_t,a=\mu(s_t|\theta^\mu)}]\\ &=\mathrm{E}_{s_t\sim\rho^\beta}[\nabla_a q(s,a\mid\theta^q)|_{s=s_t,a=\mu(s_t)}\nabla_{\theta^\mu}\mu(s\mid\theta^\mu)|_{s=s_1}]\end{aligned} \tag{4-43}$$

第五章 多智能体系统的协同控制

随着智能化技术的发展，多智能体系统在复杂环境下的自主决策与协同控制中展现出广泛的应用潜力。相较于单一智能体系统，多智能体系统具备更强的分布式处理能力、更高的容错性以及更灵活的任务执行模式，其协同控制能力已成为智能系统研究的重要方向之一。本章旨在系统探讨多智能体系统在协同控制与协调方面的关键技术、设计方法及其实验平台的构建思路。

第一节 多智能体系统协同控制的关键技术

一、基于干扰补偿策略的多智能体系统协同控制

在运行过程中，多智能体系统往往会受到外部干扰，从而影响系统稳定性。外界因素如摩擦干扰、大气扰动等，是影响系统稳定性的重要干扰来源。在实际应用中，这些干扰会显著影响多智能体系统的跟踪精度，极端情况下甚至会导致系统完全无法追踪到预期目标。此外，这些外部因素的干扰常常导致系统速度状态信息变得未知或难以被精确获取，进而增加了控制器设计的复杂性，阻碍了实现一致性跟踪控制的可能性。为了解决上述问题，可以利用一种超螺旋观测器，获取系统速度信息，设计基于 NFTSM 的有限时间干扰观测器，对系统中存在的扰动进行快速估计与补偿。最后，借助干扰观测器估计信息，提出一种自适应非奇异终端滑模（ANTSM）有限时间一致性控制器，进一步提高系统跟踪精度和响应速度，使系统具有更好的鲁棒性。

（一）相关描述

考虑由 n 个跟随者和一个领导者构成的多智能体系统，其中领导者标记为 0，n 个跟随者标记为 1 到 n，领导者动态方程如下：

$$\begin{cases}\dot{x}_0 = v_0 \\ \dot{v}_0 = u_0\end{cases} \tag{5-1}$$

式中，x_0、v_0、u_0 分别是领导智能体的位置状态、速度状态和控制输入。每个跟随智能体 i 的动态方程描述如下：

$$\begin{cases}\dot{x}_i = v_i \\ \dot{v}_i = u_i + d_i\end{cases}, \quad i = 1, \cdots, n \tag{5-2}$$

式中，x_i、v_i、u_i 分别是跟随智能体 i 的位置状态、速度状态和控制输入，d_i 为第 i 个智能体所受外界不确定干扰。

为了实现领导-跟随多智能体系统的一致性跟踪目标，系统式（5-1）和式（5-2）必须满足下述特定条件：

$$\begin{cases}\lim\limits_{t \to T} \| x_i - x_0 \| = 0 \\ \lim\limits_{t \to T} \| v_i - v_0 \| = 0\end{cases}, \quad i = 1, \cdots, n \tag{5-3}$$

（二）干扰补偿策略

1. 非奇异快速终端滑模

在传统滑模控制中，需要通过滑模面迫使系统的运动轨迹不断趋近于并保持在预期滑动模态，最终使得系统误差轨迹逐渐减小或者为零，但值得注意的是，传统滑模控制的误差状态到达平衡点是一种渐近收敛的过程，往往收敛时间较长。终端滑模（TSM）控制是传统滑模控制的一种改进形式，解决了传统滑模控制收敛时间较长的问题。与传统滑模控制相比，终端滑模控制通过引入一个非线性滑模面，对系统在稳态下的误差进行修正，通过调整滑模面参数使系统状态在有限时间实现收敛。终端滑模控制虽然可以有效解决系统收敛的时间问题，但是由于非线性相的引入，终端滑模控制随着系统状态趋于零，系统可能会发生奇异现象，即控制输入无穷大，导致终端滑模控制方法无法在实际工程中应用。为了避免终端滑模中出现奇异现象，研究人员提出了非奇异终端滑模控制（NTSM）。该方法不仅继承了 TSM 在有限时间内快速收敛的优点，而且因控制器设计中避免了负幂次项，有效防止了系统奇异现象的发生。

一般非奇异终端滑模的设计形式如下：

$$s = x_1 + \frac{1}{\beta} x_2^{p/q} \tag{5-4}$$

其中，$\beta>0$，$p>q$，p，q 均为正奇数且 $1<p/q<2$。但是其缺点是系统距离平衡点较远时，系统状态的收敛速度会变慢，为综合解决 NTSM 出现的问题，随着学者的不断研究，提出了非奇异快速终端滑模控制（NFTSM）❶，实现了系统状态距离平衡点较远时依旧保持较快的收敛速度。

$$s = x_1 + \frac{1}{\alpha} x_1^{g/h} + \frac{1}{\beta} x_2^{p/q} \tag{5-5}$$

式中，$\alpha>0$，$\beta>0$，满足 $g/h>p/q$。NFTSM 不仅可以完全避免系统出现奇异现象，并且当系统状态距离平衡点较远时，式中 $x_1^{g/h}$ 的存在能够确保系统状态的收敛速度不会变慢。

2. NFTSM 有限时间干扰观测器

针对多智能体系统中存在的外部干扰，基于 NFTSM 的控制思想设计的 NFTSM 有限时间干扰观测器，能够对扰动实时快速估计。在构建干扰观测器与控制协议的过程中，通常需要依赖系统的速度信息，然而，在实际应用场景中，受技术限制及外部干扰的影响，直接获取智能体的速度信息变得尤为困难。因此，采用以下超螺旋观测器来观测系统速度信息：

$$\begin{cases} \dot{\hat{x}}_i = \hat{v}_i + \beta_1 \operatorname{sig}^{\frac{1}{2}}(\tilde{x}_i) + \beta_2 \tilde{x}_i \\ \dot{\hat{v}}_i = u_i + \hat{d}_i + \beta_3 \tilde{x}_i + \beta_4 \operatorname{sgn}(\tilde{x}_i) \end{cases}, \quad i = 1, \cdots, n \tag{5-6}$$

式中，β_1，β_2，β_3，$\beta_4>0$，$\hat{x}_i$，$\hat{v}_i$ 和 $\hat{d}_i$ 分别是第 i 个智能体位置、速度和干扰的观测估计值。

基于所得系统的速度信息，结合有限时间控制理论，新型 NFTSM 有限时间干扰观测器设计如下：

$$\begin{aligned} \dot{\hat{d}}_i = & \frac{\alpha\gamma}{\beta\lambda} |\tilde{v}_i|^{\gamma-1} |\dot{\tilde{v}}_i|^{2-\lambda} \operatorname{sgn}(\dot{\tilde{v}}_i) + \frac{1}{\beta\lambda} |\dot{\tilde{v}}_i|^{2-\lambda} \operatorname{sgn}(\dot{\tilde{v}}_i) + l_1 \operatorname{sgn}(s_i) \\ & - \beta_3 \dot{\tilde{x}}_i + \rho_1 s_i + \rho_2 |s_i|^k \operatorname{sgn}(s_i) + \eta \operatorname{sgn}(s_i) \end{aligned} \tag{5-7}$$

其中，ρ_1，ρ_2，η，$k \in \mathscr{R}^+$ 且满足 $1>k>0$。

---

❶ 华玉龙，孙伟，迟宝山，等. 非奇异快速终端滑模控制 [J]. 系统工程与电子技术，2017，39(05)：1119-1125.

对滑模超平面 s_i 求导：

$$\begin{aligned}\dot{s}_i &= \dot{\tilde{v}}_i + \alpha\gamma|\tilde{v}_i|^{\gamma-1}\dot{\tilde{v}}_i + \beta\lambda|\dot{\tilde{i}}_i|^{\lambda-1}\ddot{\tilde{v}}_i \\ &= \dot{\tilde{v}}_i + \alpha\gamma|\tilde{v}_i|^{\gamma-1}\dot{\tilde{v}}_i + \beta\lambda|\dot{\tilde{v}}_i|^{\lambda-1}(\dot{d}_i - \dot{\hat{d}}_i - \beta_3\dot{\tilde{x}}_i)\end{aligned} \tag{5-8}$$

考虑式（5-7），式（5-8）可以写为：

$$\begin{aligned}\dot{s}_i &= \dot{\tilde{v}}_i + \alpha\gamma|\tilde{v}_i|^{\gamma-1}\dot{\tilde{v}}_i + \beta\lambda|\dot{\tilde{v}}_i|^{\lambda-1}(\dot{d}_i - \dot{\hat{d}}_i - \beta_3\dot{\tilde{x}}_i) \\ &= \dot{\tilde{v}}_i + \alpha\gamma|\tilde{v}_i|^{\gamma-1}\dot{\tilde{v}}_i + \beta\lambda|\dot{\tilde{v}}_i|^{\lambda-1}\Big[\dot{d}_i - \frac{\alpha\gamma}{\beta\lambda}|\tilde{v}_i|^{-1}|\dot{v}_i|^{2-\lambda}\mathrm{sgn}(\dot{\tilde{v}}_i) \\ &\quad - \frac{1}{\beta\lambda}|\dot{\tilde{v}}_i|^{2-\lambda}\mathrm{sgn}(\dot{\tilde{v}}_i) - l_1\mathrm{sgn}(s_i) + \beta_3\dot{\tilde{x}}_i n - \rho_1 s_i \\ &\quad - \rho_2|s_i|^k\mathrm{sgn}(s_i) - \beta_3\dot{\tilde{x}}_i - \eta\mathrm{sgn}(s_i)\Big] \\ &= \beta\lambda|\dot{\tilde{v}}_i|^{\lambda-1}[\dot{d} - l_1\mathrm{sgn}(s_i) - \rho_1 s_i - \rho_2|s_i|^k\mathrm{sgn}(s_i) - \eta\mathrm{sgn}(s_i)]\end{aligned} \tag{5-9}$$

通过李雅普诺夫稳定性分析可证明，该观测器能在有限时间内使滑模面 s_i 收敛至零，从而实现对干扰的精确估计。

（三） ANTSM 控制器设计

为了使领导-跟随多智能体系统在模型含有外部干扰时也能够快速准确地跟踪命令，可以设计一个新型非奇异终端滑模控制器（ANTSM），以实现系统有限时间协同跟踪。利用获得的未知扰动的重构信息，则系统式（5-1）和式（5-2）可写为：

$$\begin{cases}\dot{x}_0 = v_0 \\ \dot{v}_0 = u_0\end{cases} \tag{5-10}$$

$$\begin{cases}\dot{x}_i = v_i \\ \dot{v}_i = u_i + \Delta d_i\end{cases}, \quad i = 1, \cdots, n \tag{5-11}$$

其中，Δd_i 为尚未补偿的扰动，$\Delta d_i = d_i - \hat{d}_i$。多智能体系统位置 e_{xi} 跟踪误差和速度 e_{vi} 的跟踪误差为：

$$\begin{cases} e_{xi}=\sum_{j=1}^{n} a_{ij}(x_i-x_j)+b_i(x_i-x_0) \\ e_{vi}=\sum_{j=1}^{n} a_{ij}(v_i-v_j)+b_i(v_i-v_0) \end{cases} \tag{5-12}$$

为了设计 ANTSM 控制器，定义积分形式非奇异终端滑模函数 $s_{\varepsilon i}$ 。如下：

$$s_{\varepsilon i}=\dot{e}_{xi}+2\sigma\sqrt{\rho+|\arctan(e_{xi})|}(1+e_{xi}^2)\operatorname{sgn}(e_{xi}) +\int_0^t k_1\operatorname{sig}^{\alpha_1}(e_{xi})+k_2\operatorname{sig}^{\alpha_2}(e_{vi})\mathrm{d}\tau \tag{5-13}$$

其中，$\sigma>0$，ρ 是任意小的正常数，$k_1>0$，$k_2>0$，$0<\alpha_1<1$，$0<\alpha_2<1$。令 $f(e_{xi})=2\sigma\sqrt{\rho+|\arctan(e_{xi})|}(1+e_{xi}^2)\operatorname{sgn}(e_{xi})$，定义当 $e_{xi}=0$，$f(e_{xi})=0$，当 $e_{xi}>0$，$f(e_{xi})$的导数为：

$$\dot{f}(e_{xi})=\sigma e_{vi}\frac{1+4e_{xi}(\arctan(e_{xi})+\rho)}{\sqrt{\rho+\arctan(e_{xi})}} \tag{5-14}$$

同样，可以很容易得到当 $e_{xi}<0$ 时，$f(e_{xi})$ 的导数，令 $\boldsymbol{F}(\boldsymbol{E}_x)=[f(e_{x1}),\cdots,f(e_{xn})]^{\mathrm{T}}$，$\boldsymbol{S}_1=[s_{\varepsilon 1},\cdots,s_{\varepsilon n}]^{\mathrm{T}}$ 改写为向量形式为：

$$\boldsymbol{S}_1=\dot{\boldsymbol{E}}_x+\boldsymbol{F}(\boldsymbol{E}_x)+\int_0^t k_1\operatorname{sig}^{\alpha_1}(E_x)+k_2\operatorname{sig}^{\alpha_7}(\boldsymbol{E}_v)\mathrm{d}\tau \tag{5-15}$$

对 $\boldsymbol{S}_1$ 求导有：

$$\dot{\boldsymbol{S}}_1=\dot{\boldsymbol{E}}_v+\dot{\boldsymbol{F}}(\boldsymbol{E}_x)+k_1\operatorname{sig}^{\alpha_1}(\boldsymbol{E}_x)+k_2\operatorname{sig}^{\alpha_2}(\boldsymbol{E}_v) \tag{5 16}$$

$|\Delta D_i|<c_{0i}+c_{1i}|x_i|+c_{2i}|\dot{x}_i|^2$，设计新型 AFNTSM 控制律：

$$\boldsymbol{U}_S--\dot{\boldsymbol{F}}(\boldsymbol{E}_x)-k_1\operatorname{sig}^{\alpha_1}(\boldsymbol{E}_x)-k_2\operatorname{sig}^{\alpha_2}(\boldsymbol{E}_v)-k\boldsymbol{S} -(\hat{\boldsymbol{C}}_0+\hat{\boldsymbol{C}}_1\odot|\boldsymbol{X}|+\hat{\boldsymbol{C}}_2\odot|\dot{\boldsymbol{X}}|^2)\odot\operatorname{sgn}(\boldsymbol{S}_1) \tag{5-17}$$

其中，k 是正数，$\hat{\boldsymbol{C}}_0=[\hat{c}_{01},\cdots,\hat{c}_{0n}]^{\mathrm{T}}$，$\hat{\boldsymbol{C}}_1=[\hat{c}_{11},\cdots,\hat{c}_{1n}]^{\mathrm{T}}$，$\hat{\boldsymbol{C}}_2=[\hat{c}_{21},\cdots,\hat{c}_{2n}]^{\mathrm{T}}$ 为 C_0，C_1，C_2 估计值。由于在实际中，我们无法获得 C_0，C_1，C_2 的值。因此，我们将使用自适应参数调整方案来估计它们，自适应估计律如下：

$$\begin{cases} \dot{\hat{\boldsymbol{C}}}_0=[|s_{\varepsilon 1}|,\cdots,|s_{\varepsilon n}|]^{\mathrm{T}} \\ \dot{\hat{\boldsymbol{C}}}_1=[|s_{\varepsilon 1}||x_i|,\cdots,|s_{\varepsilon n}||x_i|]^{\mathrm{T}} \\ \dot{\hat{\boldsymbol{C}}}_2=[|s_{\varepsilon 1}||\dot{x}_i|^2,\cdots,|s_{\varepsilon n}||\dot{x}_i|^2]^{\mathrm{T}} \end{cases} \tag{5-18}$$

为了解决终端滑模控制中出现奇异性问题，可以在滑动面中引入参数 ρ，保证系统控制输入稳定。对于未估计干扰 ΔD，在控制输入 $\boldsymbol{U}=\boldsymbol{K}^{-1}(\boldsymbol{U}_0+\boldsymbol{U}_S)$ 中，引入自适应律 $\hat{\boldsymbol{C}}_0,\hat{\boldsymbol{C}}_1,\hat{\boldsymbol{C}}_2$，在线更新控制增益，提高了多智能体系统的鲁棒性。可以看出，控制输入避免出现奇异性的同时，所采用的自适应估计方法不需要预先获取扰动 ΔD 的上界信息。

二、带有扰动和执行器故障的多智能体系统容错协同

多智能体系统可以实现稳定一致性控制的前提是系统中的每个个体都是正常工作的，但随着多智能体系统网络结构的日益复杂，系统执行器发生故障的风险也随之增加。一旦系统执行器出现故障，系统的稳定性能便会下降，甚至导致整个系统瘫痪。因此，针对多智能体系统在执行器故障情况下的容错控制策略研究显得尤为重要，这包括利用自适应动态规划算法实现无模型容错包含控制，以及设计故障估计器和容错控制器以保证系统在面对多重故障时仍能保持稳定的性能。本部分针对带有外部扰动和执行器故障的二阶领导-跟随多智能体系统容错一致性控制问题。首先，将外部扰动和偏置故障视作一种集成故障，设计了一种基于改进趋近律的故障观测器，在有限时间内对集成故障进行估计补偿，然后，利用观测器的估计值，结合自身适应控制的思想设计了一种滑模容错控制器，通过自适应估计律对系统中未知的执行器部分失效故障因子的边界值进行估计，最终证明了所提出的控制器可以有效地完成领导-跟随多智能体系统的容错一致性跟踪。

（一）相关描述

多智能体系统在复杂环境中运行时，不仅面临外部扰动（如摩擦、噪声等）的干扰，还可能因执行器故障（如部分失效或偏移）导致性能下降甚至失稳。针对这一问题，研究具有容错能力的协同控制策略具有重要意义。考虑由 1 个领导者和 n 个跟随者构成的二阶多智能体系统，领导者动态方程为：

$$\begin{cases}\dot{x}_0=v_0\\ \dot{v}_0=u_0\end{cases}\tag{5-19}$$

其中，x_0,v_0,u_0 分别为领导智能体的位置状态、速度状态和控制输入。第 i 个跟随者的动态方程为：

$$\begin{cases}\dot{x}_i = v_i \\ \dot{v}_i = u_i^f + d_i\end{cases}, \quad i = 1, \cdots, n \tag{5-20}$$

其中，x_i，v_i 分别为跟随智能体的位置状态，速度状态；d_i 为第 i 个智能体所受干扰；u_i^f 为发生故障的第 i 个跟随智能体控制输入，u_i^f 的具体模型可以表示为：

$$u_i^f = (1 - \rho_i) u_i + r_i \tag{5-21}$$

其中，u_i 为第 i 个智能体的控制输入；ρ_i 为执行器部分失效因子，当 $\rho_i = 0$ 时，表示执行器无故障发生，$0 < \rho_i < 1$ 时，执行器发生失效故障；r_i 表示执行器偏移故障。因此，可以将第 i 个跟随者的动力学模型改写为：

$$\begin{cases}\dot{x}_i = v_i \\ \dot{v}_i = (1 - \rho_i) u_i + \omega_i\end{cases}, \quad i = 1, \cdots, n \tag{5-22}$$

其中，$\omega_i = r_i + d_i$，表示未知外界干扰和偏移故障量的集总故障。

为了实现领导-跟随多智能体容错一致性跟踪，系统［式（5-19）］和式（5-20）应满足以下要求：

$$\begin{cases}\lim\limits_{t \to T} \| x_i - x_0 \| = 0 \\ \lim\limits_{t \to T} \| v_i - v_0 \| = 0\end{cases}, \quad i = 1, \cdots, n \tag{5-23}$$

（二）基于改进趋近律的故障观测器设计

1. 趋近律设计

传统滑模控制通过切换函数迫使系统状态趋近滑模面，但存在抖振问题。为抑制抖振并加快收敛速度，提出了一种结合对数函数的改进趋近律。其数学形式为：

$$s_i = k_1 \ln^{1+\theta}(s_i^\eta + 1)\operatorname{sgn}(s_i) + k_2 \ln[\ln^{1-\theta}(s_i^\eta + 1)\operatorname{sgn}(s_i)] + k_3 |s_i|^{\frac{1+\theta}{2}} \operatorname{sgn}(s_i) \tag{5-24}$$

其中，$0 < \theta < 1$；η 是正偶数；k_1，k_2，$k_3 > 0$。根据式（5-24），趋近律函数主要由三部分构成：在系统状态远离平衡点时，第一部分起主导作用；而当系统状态接近平衡点时，后两部分则发挥关键作用。因此，在系统趋近运动的过程中，通过合理设定参数，对数趋近律中的三部分能够协同工作，使得系统状态在远离滑模面时迅速趋近，而在接近滑模面时则减缓趋近速度。这样可以避免系统的滑模抖振。

2. 有限时间故障观测器设计

领导-跟随多智能体系统在运行过程中，由于集总故障 ω_i 的存在会影响系统跟踪性能。因此，结合新型对数滑模幂次趋近律，设计了一种有限时间观测器来估计故障信息 ω_i。

定义系统观测误差如下：

$$\begin{cases}\tilde{v}_i = v_i - \hat{v}_i \\ \tilde{\omega}_i = \omega_i - \hat{\omega}_i\end{cases}, \quad i = 0,1,\cdots,n \tag{5-25}$$

其中，$\hat{v}_i$，$\hat{\omega}_i$ 分别为 v_i，ω_i 的估计值，设计如下滑模面：

$$s_i = c\tilde{v}_i + \dot{\tilde{v}}_i \tag{5-26}$$

由此设计以下基于改进趋近律的有限时间故障观测器：

$$\begin{cases}\dot{\hat{v}}_i = u_i + \hat{\omega}_i \\ \dot{\hat{\omega}}_i = c\dot{\tilde{v}}_i + K_1 \ln^{1+\alpha}(s_i^\eta + 1)\operatorname{sgn}(s_i) + K_2 \ln^{1-\alpha}(s_i^\eta + 1)\operatorname{sgn}(s_i) \\ \qquad + K_3 \mid s_i \mid^{\frac{1+\alpha}{2}} \operatorname{sgn}(s_i) + \bar{\omega}\operatorname{sgn}(s_i)\end{cases} \tag{5-27}$$

其中，$0<\alpha<1$；η 是正偶数；c，K_1，K_2，$K_3>0$。

（三）自适应容错一致性控制器设计

在故障观测器基础上，设计自适应滑模容错控制器以补偿执行器部分失效故障。

定义跟踪误差：

$$\begin{cases}e_{xi} = \sum_{j=1}^{n} a_{ij}(x_i - x_j) + b_i(x_i - x_0) \\ e_{vi} = \sum_{j=1}^{n} a_{ij}(v_i - v_j) + b_i(v_i - v_0)\end{cases} \tag{5-28}$$

将式（5-28）表示为矩阵形式，令 $\boldsymbol{e}_x = [e_{x1},\cdots,e_{xn}]^{\mathrm{T}}$，$\boldsymbol{e}_v = [e_{v1},\cdots,e_{vn}]^{\mathrm{T}}$，$\bar{x}_i = x_i - x_0$，$\bar{v}_i = v_i - v_0$，$\bar{\boldsymbol{x}} = [\bar{x}_1,\cdots,\bar{x}_n]^{\mathrm{T}}$，$\bar{\boldsymbol{v}} = [\bar{v}_1,\cdots,\bar{v}_n]^{\mathrm{T}}$。根据式（5-28），系统跟踪误差可以写为：

$$\begin{cases}\boldsymbol{e}_x = (\boldsymbol{L} + \boldsymbol{B})\bar{\boldsymbol{x}} \\ \boldsymbol{e}_v = (\boldsymbol{L} + \boldsymbol{B})\bar{\boldsymbol{v}}\end{cases} \tag{5-29}$$

取式（5-29）对于时间的导数，得：

$$\begin{cases}\dot{e}_{xi}=e_{wi}\\ \dot{e}_{wi}=\begin{bmatrix}\left(\sum\limits_{j=1;\ j\neq i}^{n}a_{ij}+b_i\right)(1-\rho_i)u_i-\sum\limits_{j=1;\ j\neq i}^{n}a_{ij}(1-\rho_i)u_j\\ -b_iu_0+\left(\sum\limits_{j=1;\ j\neq i}^{n}a_{ij}+b_i\right)\omega_i-\sum\limits_{j=1;\ j\neq i}^{n}a_{ij}\omega_j\end{bmatrix}\end{cases}\tag{5-30}$$

根据系统 e_{xi} 和 e_{vi} 跟踪误差，设计积分滑模面如下：

$$s_{\varepsilon i}=\dot{e}_{xi}+\int_0^l \xi_1\operatorname{sgn}(e_{vi})\left|e_{vi}\right|^{\theta_1}+\xi_2\operatorname{sgn}(e_{xi})\left|e_{xi}\right|^{\theta_2}\mathrm{d}\tau\tag{5-31}$$

其中，$\xi_1>0$，$\xi_2>0$，$0<\theta_2<1$，$\theta_1=2\theta_2/(1+\theta_2)$。对 $s_{\varepsilon i}$ 求导：

$$\dot{s}_{\varepsilon i}=\dot{e}_{vi}+\xi_1\operatorname{sgn}(e_{vi})\left|e_{vi}\right|^{\theta_1}+\xi_2\operatorname{sgn}(e_{xi})\left|e_{xi}\right|^{\theta_2}\tag{5-32}$$

将式（5-30）代入式（5-32）得：

$$\begin{aligned}\dot{s}_{\varepsilon i}=&\left(\sum_{j=1;\ j\neq i}^{n}a_{ij}+b_i\right)(1-\rho_i)u_i-\sum_{j=1;\ i\neq i}^{n}a_{ij}(1-\rho_i)u_j-b_iu_0\\&+\left(\sum_{j=1;\ i\neq i}^{n}a_{ij}+b_i\right)\omega_i-\sum_{j=1;\ j\neq i}^{n}a_{ij}\omega_j\\&+\xi_1\operatorname{sgn}(e_{vi})\left|e_{vi}\right|^{\rho_1}+\xi_2\operatorname{sgn}(e_{xi})\left|e_{xi}\right|^{\rho_2}\end{aligned}\tag{5-33}$$

设 Δe_i 为执行器部分失效因子 $\rho_i(i=1,\cdots,n)$ 的界值。定义 $\gamma_i=\Delta e_i$，$\phi_i=1/(1-\gamma_i)$。当系统部分失效故障信息 γ_i，无法提前精准获取时，根据式（5-33），系统跟踪误差以及滑模面，设计如下形式的自适应容错一致性控制器：

$$u_i=\left(\sum_{j=1;\ j\neq i}^{n}a_{ij}+b_i\right)^{-1}\begin{bmatrix}-\partial s_{\varepsilon i}-\tau\operatorname{sig}(s_{\varepsilon i})^r+\sum\limits_{j=1;\ j\neq i}^{n}a_{ij}u_j+b_iu_0\\ -(2n+b_i)\hat{\omega}_i-\xi_1\operatorname{sgn}(e_{vi})\left|e_{vi}\right|^{\rho_1}\\ -\xi_2\operatorname{sgn}(e_{xi})e_{xi}\varphi^{\rho_2}-\varphi_i\dfrac{s_{si}}{\| s_{si}\|}\end{bmatrix}\tag{5-34}$$

其中，$\partial s_{\varepsilon i}$，$\tau>0$，$0<r<1$。$\varphi_i$ 为自适应更新参数。φ_i 的更新律设计如下：

$$\begin{cases}\varphi_i=-\delta_i+\hat{\varphi}_i\delta_i\\ \dot{\hat{\varphi}}_i=c_1\delta_i\| s_{si}\|\end{cases}\tag{5-35}$$

$$\delta_i = \begin{bmatrix} \| - \partial s_{\varepsilon i} - \tau \mathrm{sig}(s_{\varepsilon i})^r + b_i u_0 - \xi_1 \mathrm{sgn}(e_{vi}) |e_{vi}|^{\theta_1} \\ - \xi_2 \mathrm{sgn}(e_{xi}) |e_{xi}|^{\theta_2} - (2n + b_i)\hat{\omega}_i \| + \zeta \end{bmatrix} \tag{5-36}$$

其中，ξ 为正常数，$\hat{\varphi}_i$ 表示为 φ_i 的估计值。

第二节　多智能体协同控制系统的设计与应用

一、多智能体协同控制系统总体架构

多智能体协同控制系统不仅能够验证协作通信、协同控制等关键技术，还在实际应用中展现出显著的参考价值与实用性。该系统主要由三个核心部分组成：多智能体协作单元、多模通信网关和 HMI 中心。多智能体协作单元进一步细分为智能车节点、飞行器节点、协调节点和辅助节点。多模通信网关以 Wi-Fi 与 ZigBee 两种通信方式为基础，实现系统中的协作通信功能。HMI 中心则作为系统的监控平台，负责对整个系统的运行状态进行实时监控和管理。此架构通过协同工作，确保了系统的高效运行与优化控制。

（一）多智能体协作单元

根据多智能体协同控制系统在协作通信和协同控制中的需求，从分层逻辑角度分析，该系统可分为三个主要层面：自组网络、信息交互和人机交互（human-machine interface，HMI）中心。多智能体协作系统以智能车节点、四旋翼飞行器节点、路边协调节点及 RFID 辅助节点等为基本单元，通过组网协同控制的方式，实现在模拟交通环境中的智能车节点协同驾驶。此外，该系统还实现了地面智能车节点与空中四旋翼飞行器节点之间的高效协作，从而提升了整体系统的协作效率。

同时，地面智能车节点通过多模通信网关，将节点的定位信息传输至 HMI 中心，从而使得监控平台能够实时掌握每个智能车节点的状态。HMI 中心不仅能够获取个别节点的实时数据，还能够监控整个系统的运行情况和道路交通状况，为系统的协作调度与优化提供数据支持。该架构保证了信息流的畅通，并优化了多智能体之间的协同控制过程。

1. 智能车节点

在多智能体协同控制系统中，智能车节点以 ARM 公司推出的 STM32 系列处理器为基础进行开发，集成了多种感知与通信资源，涵盖 Wi-Fi、ZigBee、摄像头、红外测距模块、霍尔编码器以及 RFID 电磁感应线圈等组件。

智能车节点通过搭载摄像头实现视觉循迹功能，在模拟交通道路环境中能够自主识别并跟随道路标线行驶，从而实现路径的自主导航。系统设计上，智能车节点的数量并不受限制，能够支持多个智能车节点在多个交叉路口之间进行分布式协同控制，确保整体交通系统的高效运行。

在每个模拟交通道路的交叉路口，系统中都部署有辅助节点——RFID 标签，专门用于存储该路段的相关信息。智能车节点通过搭载的 RFID 电磁感应线圈读取路段信息。这一过程既实现了智能车节点在道路网络中的精确定位，也为获取交叉路口控制逻辑提供了必要的数据支持，从而促进车与车之间的协同决策和路径优化。

智能车节点还配备了红外测距模块，主要用于前后方向上的避障功能。当该模块检测到前方存在障碍物时，能够实时测量车辆与障碍物之间的距离。当距离小于 10cm 时，智能车节点将自动停止前进，并通过无线通信向 HMI 中心发送报警信息，HMI 则负责执行相应的控制策略，确保交通安全与系统稳定性。此外，智能车节点搭载的霍尔编码器能精准记录车轮的转动圈数，进而计算出车辆的实时速度。这一速度信息被实时传输至 HMI 中心，为系统的监控与调度提供了重要的数据支持，使得智能车的运行状态能够得到全面监控与优化控制。

2. 四旋翼飞行器节点

在智能交通系统（intelligent transportation systems，ITS）的应用场景中，四旋翼飞行器的加入为 ITS 的发展增添了新的技术手段。四旋翼飞行器最大的优势在于其具备垂直起降和悬停能力，能够在空中自由飞行，不受地形和空间限制。为了使四旋翼飞行器在协同控制中发挥更大作用，需对其基本运动特性进行有效控制。

四旋翼飞行器配备有四个独立控制的无刷电机，驱动四个螺旋桨产生升力。当四个电机协同工作，所产生的总升力大于飞行器本身重力时，飞行器实现上升；反之，则实现下降。当前后两个螺旋桨的升力保持不变，左侧升力增加、右侧减小时，飞行器将向右移动；反之，则向左移动。当左右两个螺旋桨升力不变，后侧升力增加、前侧减小时，飞行器将向前运动；反之，则向后运动。当左右两个螺旋桨升力同步增加，而前后两个螺旋桨升力同步减小时，飞行器将发生水平逆时针偏航；反之，则发生顺时针偏航。这些动作是四旋翼飞行器实现空间多维度机动和姿态调节的基础。

四旋翼飞行器节点作为协同控制系统中的基础单元之一，主要用于空中监控道路交通状况，实时采集图像与数据，并将其传输至 HMI 中心。该飞行器系统基于 Linux 操作系统，采用双核中央处理器（CPU）与四核图形处理器（GPU）作为主控单元，具备较强的计算与图像处理能力。

飞行器配置了多种传感资源，包括摄像头、GPS 定位模块、Wi-Fi 通信模块、姿态传感器和高度测量装置。其中，配备有两个专用摄像头：一个用于图像采集，支持 180°自由旋转，具备三轴防抖功能，图像分辨率可达 1080p；另一个则专注于高度测量，确保飞行器在执行任务过程中能够实现精准定位和稳定悬停。

3. 路边协调节点

在多智能体协同控制系统中，协调节点承担着交通管理与控制的重要职能。路边单元（RSU）作为协调节点的物理体现，不仅是传统交通设施的重要组成部分，更是智能交通系统中实现信息感知与通信交互的关键设备。系统中所设协调节点以 STM32 系列处理器为核心，配合 ZigBee 模块构建稳定的无线通信机制，实现与智能车节点的信息互联。当智能车节点行驶至路口通信范围内，即可与 RSU 进行交互式数据传输。通过此机制，车辆可实时获取路口信号状态信息，并据此做出通行决策，从而保障路口交通的有序与高效。

4. RFID 辅助节点

辅助节点主要由射频识别（RFID）技术实现，其核心功能在于提升车辆定位精度并加强路口协同能力。RFID 技术基于非接触式射频通信，具备抗干扰性强、识别速度快和能够适应复杂环境等优势。本系统中部署的辅助节点采用可读写式 RFID 标签，工作频率为 125kHz，读取范围达 10cm，尺寸规格为 25mm。在模拟交通路口位置预设这些辅助节点后，通过 RFID 写入器将位置信息、方位编码、车辆通行方向及道路编号等数据写入标签内。当智能车节点驶入有效读取范围时，搭载的读写装置便可采集相应的位置信息，并将其作为路径判断与决策的依据，实现对道路环境的动态感知与定位支持。

（二）多模通信网关

在多智能体协同控制系统中，通信的多样性与复杂性决定了其对高可靠性通信机制的迫切需求。稳定高效的通信能力是保障智能体间信息交互与系统协同控制顺利进行的关键。面对当前智能交通系统中 V2V、V2R、V2I 及 V2C

等多类型通信模式的融合趋势，单一通信技术已难以满足复杂场景下的应用需求。因此，需通过整合车内网络、车际网络以及车载移动互联网等多种通信资源，实现系统级的协同通信能力。

鉴于不同通信协议之间的互不兼容性，本系统引入多模通信网关架构，以打通异构通信网络间的信息壁垒，实现各类节点间的无缝数据传输。系统设计采用 Wi-Fi 与 ZigBee 的双通道通信结构，ZigBee 模块在感知层实现节点间的低功耗、短距离通信，而 Wi-Fi 模块则承担 V2I 和 V2C 层级的数据上传与远程交互功能，构建起多智能体之间协作与云端管理之间的通信桥梁。

1. 多种无线通信技术

（1）LTE-V

LTE-V 技术继承了 4G 网络高速率、低延迟的核心特性，进一步拓展了对大规模终端的连接支持能力，为车与车、车与路侧设施以及车与云端之间的多维度实时通信提供了技术支撑。同时，LTE-V 具备广覆盖和高可靠性的优势，能够保障车辆在广域范围内的稳定通信，满足跨区域的联网需求，增强整体系统的通信安全性。然而，LTE-V 目前尚未形成统一的通信协议和标准体系，缺乏规范的应用环境，导致其在工程实践中难以实现规模化部署。这一现状制约了其在智能交通系统中的全面推广。

（2）DSRC

DSRC 是一种为车载通信环境专门设计的短距离无线通信技术，具备低延迟、低丢包率和高吞吐量等通信性能优势，适用于视距条件下的中短程通信。其有效通信距离可达 1km，适应车车（V2V）及车路（V2I）通信场景，广泛用于智能交通系统（ITS）中的信息交换与协同控制。

尽管 DSRC 在提升交通安全、减少事故率和缓解拥堵方面展现出显著价值，但其通信稳定性受多种因素影响，包括通信距离、车辆速度及周围障碍物等。在遮蔽环境中，时延与丢包率会显著上升，降低通信质量。此外，DSRC 频谱利用效率偏低，信道资源受限，尤其在交通高密度场景下，易产生广播冲突与信道拥塞，形成“广播风暴”，严重影响系统可靠性。因此，亟需在频谱管理与信道调度机制方面进行优化。

（3）IEEE 802. 11ah

IEEE 802. 11ah 是一种基于 1GHz 以下频段的无线局域网技术，具有低功耗、广覆盖、高连接密度等特性，专为低速率、大范围通信环境设计。该技术优化了中低速数据传输，尤其适配于能效要求高、节点分布广的应用场景。其在智能交通系统（ITS）、物联网（IoT）、协同智能系统（VCPS）等领域中具备广泛的适应性，并延展至智能家居、智能农业、可穿戴设备及健康监测等多个方向。

IEEE 802.11ah 在通信架构中有效弥补了多频段技术存在的互干扰问题，提升了整体网络协同效能。尽管其通信标准已正式确立，但相关产业链仍处于起步阶段，商业化产品的广泛部署尚需时日，未来技术的深化应用仍依赖于设备厂商与标准组织的持续推进。

（4）Wi-Fi

Wi-Fi 作为一种基于 IEEE 802.11 系列协议的无线局域网通信技术，主要应用于短距离的数据传输。自其问世以来，相关协议标准不断演进，通信频段多采用 2.4GHz 和 5GHz 的 ISM 频段。各版本协议在传输速率和覆盖范围上存在差异，以适应不同场景需求。在现代无线通信网络中，Wi-Fi 具备部署灵活、接入便捷等特点，已广泛应用于多种公共和商业环境中，成为无线数据通信的重要基础设施之一。

无线通信协议在智能交通系统中的应用展现出多项技术优势。首先，从通信覆盖范围看，IEEE 802.11p 作为专用于车联网的协议，能够实现远至 1000m 的通信距离，即便在室内环境下，仍具备最高 300m 的有效覆盖，满足了动态交通环境下的通信需求。其次，在传输性能方面，Wi-Fi 协议在不同频段下展现出较高的数据传输能力，诸如 802.11ax 与 802.11ac wave2 协议，其理论速率可分别达到 2.4Gbps 与 1.73Gbps，实际应用中亦可稳定维持在 200Mbps 以内的高速传输，有效保障了信息交互的时效性与连续性。此外，该领域具有较低的技术准入门槛，移动设备在具备基础设施支持的前提下即可迅速接入网络，实现快速部署。与此同时，ZigBee 模块在通信协议上的嵌入设计为后续二次开发提供了便利，预留接口可实现多设备协同，有效推动系统功能的扩展与升级。

（5）ZigBee

ZigBee 是一种低功耗、低成本、低速率的双向无线通信设备，而且具有自组网、自恢复的特点。ZigBee 其应用非常广泛，而且深受通信方面研究者的喜爱，在物联网、ITS、智能家居、智能农业、医疗设备等方面都可以使用。ZigBee 最大的优势就是可以进行网络的组建，它支持多种网络结构，支持不同的传输方式。

ZigBee 技术作为一种典型的短距离、低功耗无线通信协议，具备多方面的性能优势，适用于资源受限的通信环境。其核心特征在于功耗极低，节点间数据传输速率有限，发射功率较小，并可在非工作状态下进入休眠模式以延长设备使用寿命。

在通信时延方面，ZigBee 节点具备快速响应能力，从休眠状态到激活状态的转换仅需 14ms，主动扫描所需的通信延迟一般不超过 30ms，有效支撑了系统对实时性的基本要求。尽管 ZigBee 的通信范围一般为 10～100m，但通过调节射频发射功率，其通信距离可扩展至 3km，尤其适用于复杂室内环境的网络部署。此外，ZigBee 因协议栈开源、实现成本较低，在实际应用中具备良好的经济性。其设计主要面向低速率数据传输，2.4GHz 频段下速率为 250kbps，其他频段则更低。网络容量方面，ZigBee 可实现高度扩展性，单个路由器节点可连接多达 254 个终端，整个网络容量理论上可达 65535 个节点，满足大规模组网需求。

2. Wi-Fi＋ZigBee 网关

为满足多智能体协同系统中复杂多样的通信需求，需引入支持异构通信协议的多模通信网关。Wi-Fi 与 ZigBee 作为两种不同的通信协议，分别具备独立的协议栈和差异化的传输速率，但通过嵌入式处理器的协调，可实现协议间的数据转换与通信桥接。该类型网关基于 STM32 处理器平台，集成 Wi-Fi 与 ZigBee 通信模块，并在主控芯片上设有对应的物理通信接口，从而实现双向数据交互功能。

在系统运行中，ZigBee 模块作为感知层网络的路由节点，承担接收智能车节点或协调节点信息的任务。所接收的数据经由处理器算法进行协议转换后，以 Wi-Fi 形式发送至 HMI 中心，实现感知层与信息管理层之间的高效通信。同样，HMI 中心可通过 Wi-Fi 将控制指令发送至网关，由网关转化为 ZigBee 格式后，再传输至相应智能体，实现系统整体的信息闭环与协同控制。

（三） HMI 中心

HMI 中心作为多智能体协同控制系统的监控与操作核心，主要承担对系统内智能车、飞行器及交通道路等元素的实时监控任务，并融合人为控制机制，从而实现系统运行过程中的主动干预与调节。该系统的核心构成包括 Wi-Fi 通信模块、图像采集与显示模块以及智能车的状态信息反馈模块。

1. HMI 界面

HMI 界面以 Visual Studio 2013 为开发平台，利用其 MFC 模块完成界面构建。界面中集成了多种功能控件，如按钮、文本框、下拉菜单与图像显示控件等，用于实现对不同智能车节点的选择与控制，并支持对摄像头监控功能的启停操作。控件的设置与功能通过控件属性函数进行编程实现，使界面具备交互性与实时响应能力。用户通过对控件的调用，可完成系统中各项监控与控制任务的执行，提升整体操作的直观性与系统的可管理性。

2. 图像监控

图像监控作为系统的重要组成部分，在智能交通系统应用中具有关键作用，承担道路识别、目标跟踪、行驶过程记录等功能。在本系统中，通过接入摄像头，实现对交通环境的实时图像采集。图像处理依托于 OpenCV 库，利用 USB 串口获取视频数据流，并从中提取有效图像帧，以实现视频内容的实时解码与动态呈现。

图像的展示通过 VS 中 MFC 模块的 PictureControl 控件完成，该控件能够根据属性设定进行静态图像或实时视频流的显示。系统通过对图像数据的解析与控件功能的调用，实现了摄像头画面的稳定显示，增强了系统对外部环境状态的感知能力，并为操作人员提供了直观的视觉支持。

3. 交互信息

交互信息主要用于与车辆共享信息，使得相关人员能够实时监控智能车和模拟交通道路的状态。HMI 中心与模拟交通道路中的车辆交互的信息包括车辆所在道路、行驶方向、路口虚拟交通灯状态及车辆安全报警等。

图 5-1 所示为 HMI 系统信息交互的流程图。该系统交互的信息主要分为智能车节点、摄像头监控、四旋翼飞行器的信息。在模拟交通环境中，道路按照既定的拓扑结构进行编号与命名，并将对应编号信息嵌入至部署在各路段的辅助节点所附的 RFID 标签中。智能车节点在进入特定道路区域后，借助自身搭载的 RFID 读取装置可自动获取该道路的编号信息。随后，车辆通过无线通信模块将读取结果实时上传至上位机监控中心，从而实现对车辆所处道路状态的准确解析与可视化呈现，提升系统的智能监控与调度能力。

车辆的行驶方向采用地理方位进行编码，以实现标准化传输与识别。当 HMI 界面接收到方向编号时，系统自动转换为直观化的行驶方向指令，如“向东”“向南”等，提升人机交互的效率与准确性。同时，车辆的行驶状态编码用于表示其在路口处即将执行的操作，包括直行、左转、右转等，辅助上位系统实现交通行为预测与路径优化。

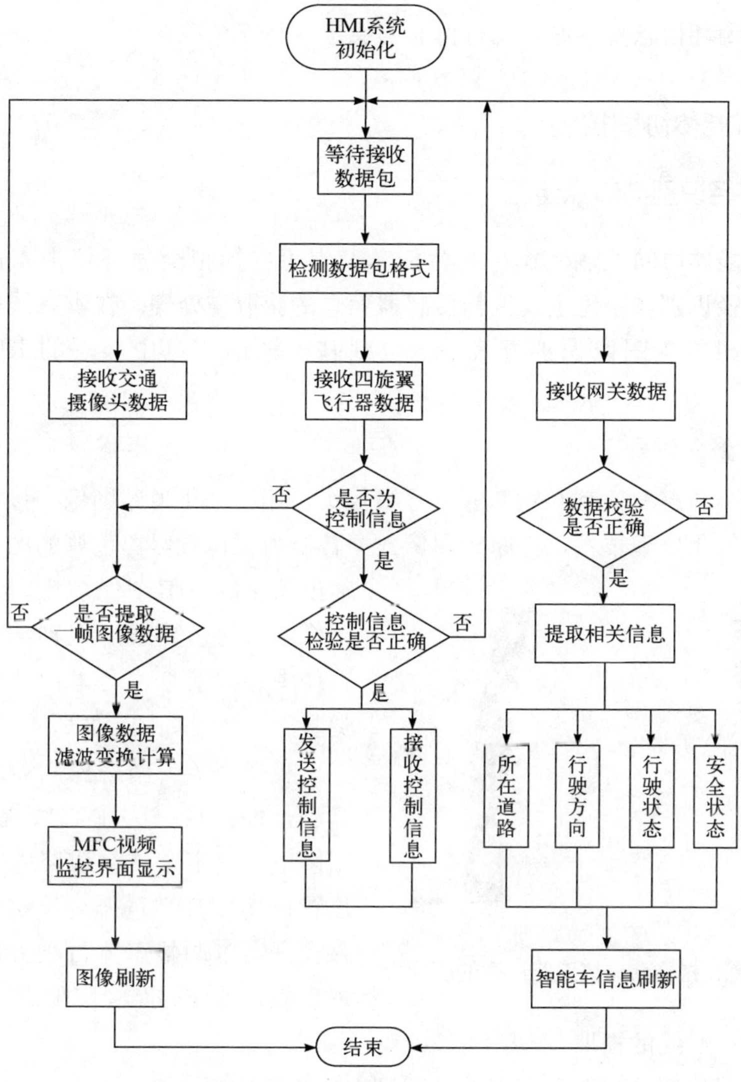

图 5-1　HMI 系统信息交互流程图❶

摄像头信息的传输依托于图像采集模块与 Wi-Fi 通信协议。摄像头获取的图像数据经初步处理后，通过无线链路传输至 HMI 中心，由接收端进行解析并实现图像显示，完成视觉感知信息的实时交互。此外，四旋翼飞行器节点通过 Wi-Fi 模块与 HMI 中心建立通信连接，实现起降、旋转及摄像头调节等指

❶ 本图出自：任林. 多智能体协同控制系统的设计与应用［D］. 郑州：河南大学，2017：11-23.

令的远程控制。同时，其可将当前电量、系统运行状态等信息反馈至 HMI 系统，构建闭环信息流，保障飞行作业的稳定性与安全性。

二、多智能体协同控制

（一）路径识别与节点定位

多智能体协同控制系统中，智能车节点可在模拟交通环境中实现自主行驶，其路径识别与定位主要依赖传感器信息的获取与处理。在本系统中，道路识别采用摄像头图像识别方式，定位则基于辅助节点中部署的 RFID 标签完成。

1. 摄像头识别

智能车节点配备有 OV7725 型号摄像头，用于采集道路图像。该摄像头通过黑白二值化处理技术，将原始图像数据转换为仅包含黑白色调的图像，从而输出简化的二值图像信息。系统通过图像中道路边界线的识别结果，提取路径中心线信息，为车辆导航提供视觉基础支持，如图 5-2 所示。

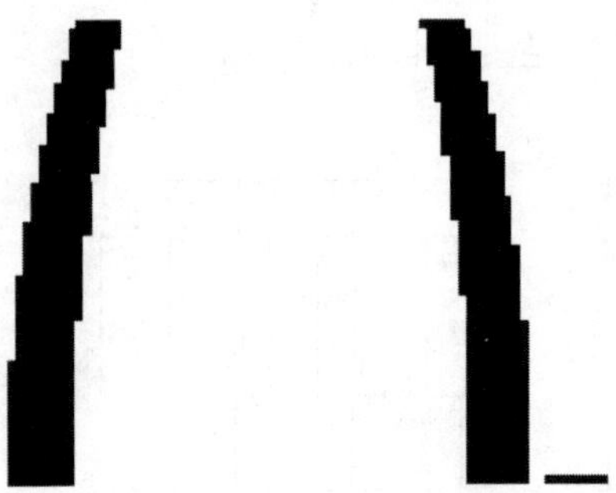

图 5-2　摄像头采集道路还原的图像

实现摄像头循迹控制需满足两个算法条件：其一为中心线提取算法，用以精确确定车体与道路中线的相对位置；其二为 PID 循迹算法，根据偏移程度实时调整车体行驶方向，以实现平稳、精准的路径跟随。

（1）中心线的提取

中心线提取是智能车节点路径识别中的关键步骤，其目标在于准确获取道路图像的中间位置，以实现车辆的自主导航。系统通过摄像头采集 80×60 分辨率的图像数据，并采用 DMA 方式进行分时传输，随后将一维图像数组重构为二维数组形式。图像经二值化处理后，仅包含 0 与 1 两类像素值，分别对应白色背景与黑色道路线。

中心线提取过程首先对图像数据进行均值滤波处理，以去除图像中的高频扰动像素。接着，系统从图像中选取特定行（如第 43、46、49 行）执行中值滤波，进一步消除因道路前后端透视畸变带来的干扰。最终，所选行的数据通过融合，得到一组稳定的中线候选数据。

如图 5-3 所示，整合一维 80 个数据。从中心线开始，逐渐向两侧进行边缘线的检测。从左右两侧分别从数值为 1 的位置开始检测，并记录这些位置。通过对左右两个边缘线的坐标值进行均值计算，可以确定中心线的位置。

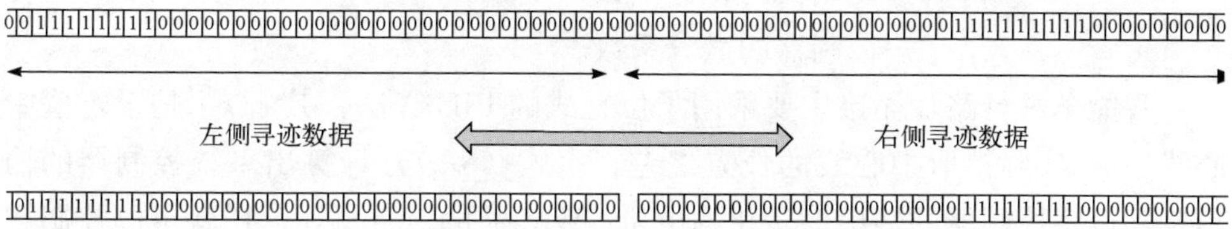

图 5-3　中心线提取示意图

在道路结构存在差异的情形下，如十字路口或丁字路口，道路标线可能呈现单线结构。此时，中心线提取需根据可识别边缘线的位置进行处理。当图像中仅检测到左侧边缘线时，通过在其位置上加以偏移量模拟中心线位置；若仅有右侧边缘线，同样在其位置上减去相应偏移量以估算中心位置。偏移量的设定需结合道路实际情况灵活调整，以提升中心线提取的准确性。

（2）PID 循迹算法

在智能车节点的运动控制中，差速驱动作为基础控制机制，通过调节左右直流电机的转速差以实现转向功能。若两电机转速相等，车辆保持直线行驶；存在转速差异则引导车辆向对应方向偏转。系统依据中心线提取结果，将图像中央点位（如第 40 列）与实际中心线位置进行差值运算，定义左侧偏移为正、右侧偏移为负，进而判断并修正运动方向。

为实现高精度循迹控制，该系统引入比例-积分-微分（PID）控制算法。PID 控制算法通过实时误差反馈调节执行器输出，实现系统稳定跟踪目标路径。依据误差处理方式的不同，PID 算法可分为位置式与增量式两类：前者直接根据当前位置误差计算输出控制量，适用于控制目标相对稳定的场景；后者则根据当前误差与历史误差变化进行控制量增量计算，更适用于对变化响应要求较高的场景。在智能车循迹应用中，PID 算法有效增强了系统对路径偏差的敏感性和响应能力，从而提升了整体运动精度与稳定性。如式（5-37）所示是离散型位置式，式（5-38）所示为离散型增量式：

$$u(k)=K_P e(k)+K_I\sum_{j=0}^{k}e(j)+K_D[e(k)-e(k-1)] \tag{5-37}$$

$$\Delta u(k)=K_P\Delta e(k)+K_I e(k)+K_D[\Delta e(k)-\Delta e(k-1)] \tag{5-38}$$

式中　$u(k)$——控制器的输出；

$e(k)$——控制器的输入（设定值与被控量的差值）；

K_P——控制器的比例放大系数；

K_I——控制器的积分系数；

K_D——控制器的微分系数。

智能车进行路径循迹主要采用了位置式的 PID 算法，其 $e(k)$ 是设定值中心线 40 与实际提取中心线的位置之差。由式（5-37）计算出系统控制器的输出量，再将控制器的输出值转化为电机 PWM 波的占空比，这样就可以控制智能车进行道路线的循迹。

2. 节点定位

在多智能体系统中，智能车节点的定位功能是实现路径自主决策与协同控制的关键环节。系统在模拟交通道路环境中设定了两级定位机制：一是通过对道路结构与交通路口的编号标准化，建立统一的拓扑标识体系；二是依托 RFID 辅助节点，将上述编号信息嵌入其标签中，构成定位数据源，实现对智能车节点位置的有效识别，具体实现的移动节点定位的流程图如图 5-4 所示。

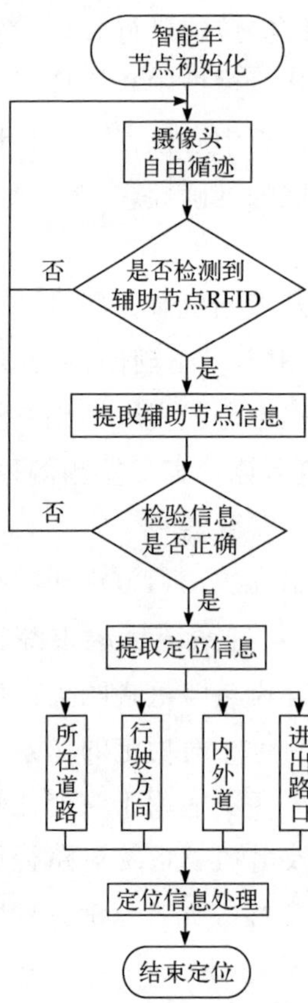

图 5-4　移动节点定位流程图

道路结构的编号系统以东、南、西、北四个基本方位为基础，分别赋予它们数字 1～4 的代号。模拟道路中的各条道路则依据其空间排列顺序进行编号，交通路口的编号与其所属道路保持一致。道路内部细分为内外车道，并使用 1～8 表示不同车道编号，同时通过 1 和 2 分别指示进出路口的状态。该规则构成了 RFID 标签所采用的数据协议基础。

在实际应用中，每个辅助节点 RFID 标签中包含四位数的编码信息，依次对应方位、道路编号、车道编号及进出标志。

在运行过程中，当智能车节点进入某一预设辅助节点感应范围内，其搭载的RFID读写装置将自动获取该节点的编码信息。系统据此识别当前所处道路的具体位置、方向与车道状态，如图5-5所示。

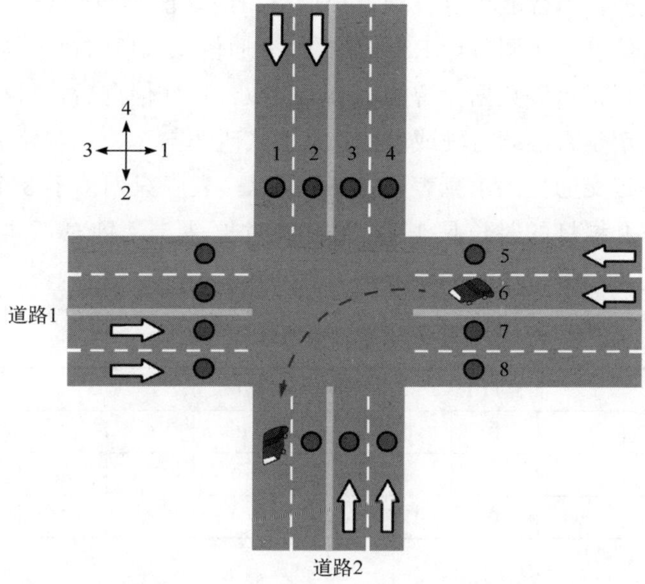

图5-5 道路定义指示图

通过将辅助节点部署于模拟环境中各个关键路口与路段，实现对移动节点的连续定位。该机制不仅提升了智能车在环境中的空间感知能力，还为上层监控中心提供实时的位置信息支持，便于实现交通态势感知与全局路径管理。在此基础上，系统能够准确追踪多车运动轨迹，支持复杂交通任务下的分布式调度与优化控制。

（二）路口协同控制

在多智能体协同控制系统中，智能车节点通过辅助节点RFID进行定位，确定其在道路上的具体位置后，可以在交通路口实现协同控制。传统的交通系统依赖于红绿灯设施来引导车辆流动，从而有效缓解交通压力。然而，在本系统中，并未使用实际的红绿灯，而是通过虚拟交通灯的方式，结合路口的协调节点与其他车辆的实时信息交互，完成路口的协同控制任务。

1. 虚拟交通灯

虚拟交通灯作为本系统中实现路口协同控制的核心机制，模拟了传统交通灯的功能。其基本工作原理是协调节点RSU通过ZigBee通信模块与智能车节点进行信息交换。当智能车节点接近交通路口时，能够自动与RSU通信并接收实时的交通信息。协调节点RSU广播的交通信息包括路口当前的交通状况、信号变化及通行指示等数据。智能车节点接收到这些信息后，将根据虚拟交通灯的指示，决定是否继续行驶或停留，从而实现车与车、车与路边设施之间的协同调度。虚拟交通灯的信息表如表5-1所示，表中只列出了3个路口的红绿灯信息，红灯和绿灯的时长是15s，黄灯的时长是5s。针对不同的交通路口，红绿灯的时间可以进行适当的调节。

表5-1 虚拟交通灯信息表

交通灯	路口1			路口2			路口3		
红灯	15s	0	0	0	15s	0	0	0	15s
黄灯	0	5s	0	0	0	5s	5s	0	0
绿灯	0	0	15s	15s	0	0	0	15s	0

在智能车节点的协同控制系统中，车辆在通过交通路口时，根据当前路口的交通信号状态执行相应的行动。当智能车节点检测到当前路口为红灯状态时，系统会自动读取该路口的RFID信息，并根据该信息判断是否需要停止前进。智能车节点将在此过程中停下，直到接收到绿灯信号，才会继续行驶。

此外，后续的智能车节点通过红外测距传感器持续监测与前车的距离。当红外传感器检测到与前车的距离小于10cm时，后车节点会自动停止前进，避免发生碰撞。此时，后续智能车节点将进入等待状态，直到前方的智能车节点前进，达到安全距离后，后车才会继续行驶。虚拟交通灯路口协同控制的流程图如图5-6所示。

2. 自主决策控制

智能车通过交通路口的自主决策控制是基于先进的传感器和决策系统实现的，例如，通过视觉与雷达融合的方法，智能车能够在红绿灯识别路段利用基于HSV空间的直方图统计方法进行红绿灯识别，在正常循线路段利用基于Lanenet和H-Net网络实现端到端的车道线检测，并在借道超车阶段利用多传感器融合的方法来实现车辆循线和避障。智能车节点到达路口，通过摄像头识别路径，再自己决定直线行驶、向右行驶或者向左行驶。智能车自主决策控制

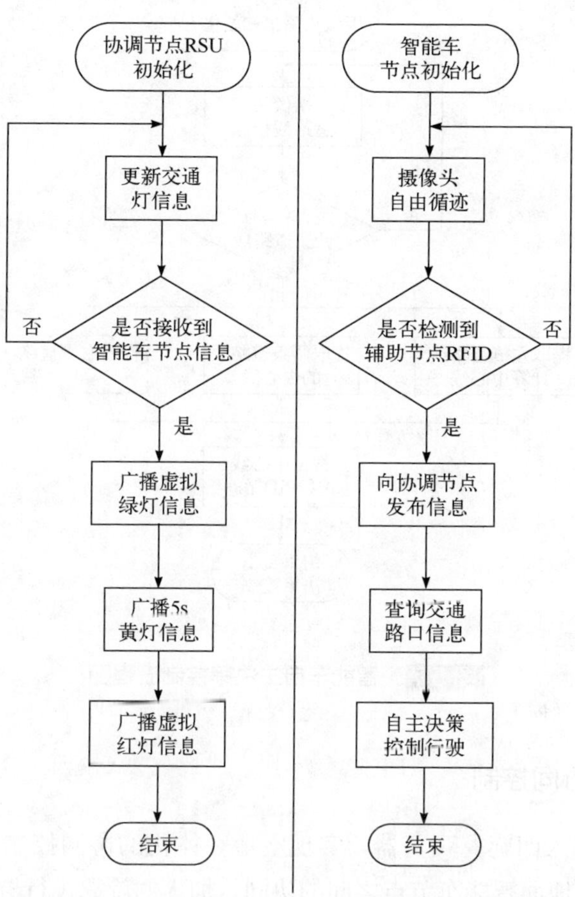

图 5-6　虚拟交通灯路口协同控制流程图

的流程图如图 5-7 所示。

在直线行驶过程中，系统通过识别道路两侧的道路线，并应用中心线算法精确提取道路中心线，从而实现稳定的行驶。当车辆需要向左或向右转弯时，系统会提取单边道路线的边缘位置，并根据实际情况进行相应的调节，以调整车辆的行驶路径。对于双线道路，智能车摄像头采用双线识别算法，精确提取两条道路线的中心位置，引导车辆顺利行驶。当仅检测到左侧或右侧的道路线时，系统将只选择单侧道路线进行行驶，并根据所处的实际道路情况进行进一步的控制调整。通过这些策略，智能车能够在多条道路线的环境中实现自主的行驶路径选择与方向控制，确保车辆在复杂的交通环境中能够灵活应对并做出正确决策。

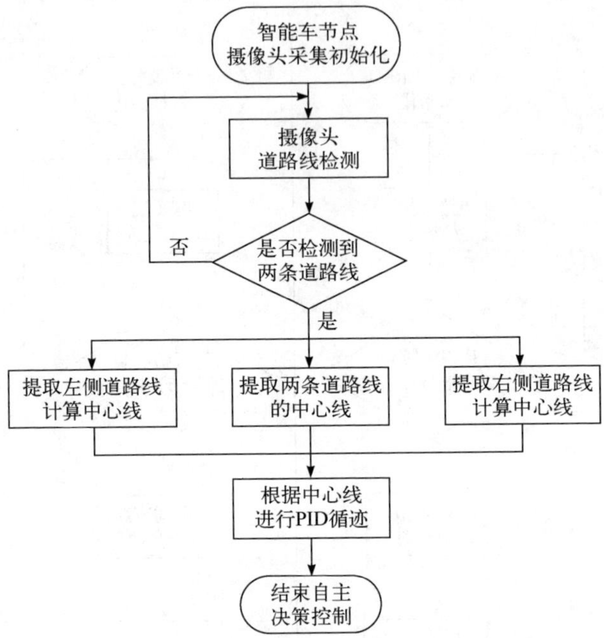

图 5-7　智能车自主决策控制流程图

（三）四旋翼协同控制

在 ITS 中加入四旋翼飞行器，实现空地一体化的协同控制，是未来 ITS 发展的趋势。利用地面智能车节点之间的协同，加入四旋翼飞行器节点，其目的是加强对模拟的交通道路以及多智能体车节点的监控，提高系统的协作效率。

四旋翼飞行器的控制基于其动力学模型，通过精确调节四旋翼的无刷电机，能够实现对飞行器的有效控制。四旋翼飞行器配备了 Wi-Fi 模块，利用 Wi-Fi 通信协议进行图像和控制命令的传输。这种通信方式不仅支持飞行器的遥控，还使其能够与其他系统组件协同工作。在实际应用中，HMI 中心通过发送控制指令，实现对四旋翼飞行器的操作与监控，如图 5-8 所示。

四旋翼飞行器的控制流程集成在 ITS 协同监控系统中。具体而言，当飞行器通电并置于模拟交通道路的水平面时，通过外部控制指令（如按下键盘的 Space 键），四旋翼飞行器便可起飞并悬停。与此同时，搭载的摄像头开始捕捉实时图像，并将监控视频信息传输至 HMI 中心。通过该界面，操作人员能够实时查看模拟交通道路的状况。此外，HMI 中心还可以通过键盘控制飞行器的运动，包括偏航、旋转以及摄像头的调节等功能，从而确保飞行器能够灵

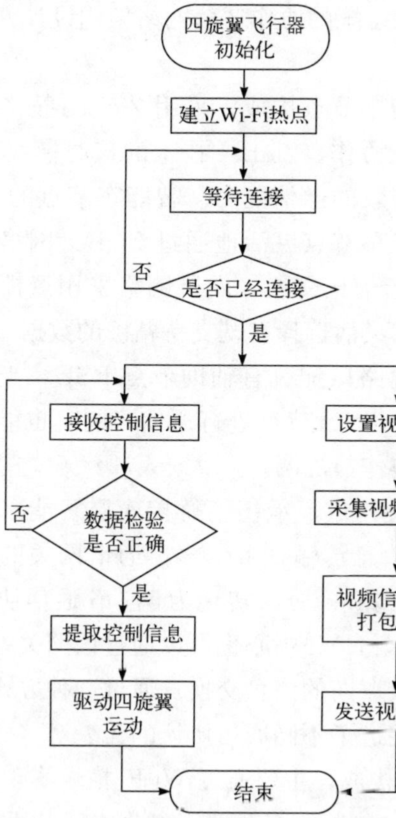

图 5-8 四旋翼飞行器协同流程图

活应对不同的监控需求。该控制系统的设计，强化了四旋翼飞行器在智能交通系统中的协同作用，提升了交通管理的效率和精准度。

三、协作通信组网设计

在多智能体系统中，协同控制与信息传递的有效性依赖于可靠的通信架构。该系统选择 ZigBee 作为主要的组网通信模块，利用其大网络容量、支持多种网络结构、低功耗、低延迟、传输安全可靠以及使用开源协议栈等优势，满足了多智能体节点之间的协作通信需求。

（一）协作通信组网架构

为实现多智能体节点之间的高效信息交互与协同控制，构建一个稳定且可靠的通信网络至关重要。该系统的协作通信网络架构设计分为三层，确保了信息传输的层次化与高效性。

最底层网络结构由智能车节点构成，采用ZigBee技术作为通信手段，确保了信息的即时传递与有效协作。ZigBee技术的核心模块基于CC2530芯片，这为系统提供了低功耗、高效的通信能力。智能车节点的主控板与ZigBee模块之间的接口设计允许智能车节点灵活地通过ZigBee网络与其他节点或协调节点RSU（路侧单元）进行信息交换。底层网络采用点播、组播与广播的混合模式，能够根据通信需求灵活选择，既支持精确的数据点对点传输，又支持广泛的数据广播。每个交通路口配置有辅助节点RSU，当智能车节点到达特定路口时，能够与该路口的RSU节点进行通信，同时也能与其他智能车节点进行信息交互，从而实现协作与协调。

中间层由多模通信网关构成，承担了桥接底层智能车节点自组网与顶层HMI（人机交互）中心的信息传输任务。多模通信网关的作用是接收来自底层智能车节点的信息，将ZigBee协议转化为Wi-Fi通信协议，从而使信息顺畅传输到HMI中心。同时，HMI中心也可以通过该网关将控制信息或反馈数据发送回智能车节点，完成双向的信息交换。通过这种方式，中间层充当了网络协议转换的关键角色，促进了不同通信协议的无缝对接。

顶层网络由HMI中心构成，主要通过Wi-Fi模块实现信息的接收与发送。HMI中心通过Wi-Fi热点与多模通信网关建立连接，获取来自底层智能车节点及RSU的信息。在此架构下，HMI中心不仅可以监控整个交通环境的状态，还能对智能车节点进行远程控制和协同管理。通过Wi-Fi＋ZigBee多模通信网关创建的Wi-Fi热点，HMI中心能够高效地接收和传递数据，从而确保系统的实时性与可靠性。

（二） ZigBee网络配置

在智能交通系统（ITS）中，车辆之间的通信通常通过无线技术实现，它使得不同路口或相同路口的不同车辆能够共享信息。这种信息共享依赖于通过网络组建的车辆通信系统，其中ZigBee技术作为无线通信的主要手段，具有低功耗、高效率的数据传输能力，被广泛应用于多智能体系统中。本系统采用ZigBee技术进行组网，并在此过程中需要配置不同类型的节点、通信方式及网络拓扑结构。

1. 节点类型

ZigBee网络由多种节点类型构成，主要包括协调器（ZigBee coordinator，

ZC）、路由器（ZigBee router，ZR）和终端设备（ZigBee end device，ZED）。每种节点在网络中的角色和功能各不相同，且具有不同的协议栈配置。

在 ZigBee 网络中，节点分为两类功能型设备：全功能设备（full function device，FFD）和精简功能设备（reduced function device，RFD）。全功能设备具备完整的 ZigBee 协议栈功能，能够担任协调器、路由器或终端设备的角色，并支持与其他设备的交互，无论是与同类设备还是精简功能设备。相比之下，精简功能设备的功能较为简单，主要用于作为 PAN（个人局域网）中的普通节点，且仅能与全功能设备通信，无法与其他精简功能设备互联。

① 协调器（ZC）。协调器是一个全功能设备，负责 ZigBee 网络的创建和管理。在一个 PAN 网络中，必须至少存在一个协调器节点。协调器负责选择网络信道和 PANID（个人区域网络 ID），并根据这些设置初始化网络，允许其他类型的节点加入网络。尽管协调器的角色在网络初始化时至关重要，但一旦网络构建完成，它的功能与普通路由器无异，仅继续提供数据传输和网络管理功能。

② 路由器（ZR）。路由器是 ZigBee 网络中负责数据转发的设备，它仅运行路由协议，并不参与数据源的直接处理。路由器负责在网络中提供可靠的数据传输路径，并在数据传输过程中修复可能出现的路由中断。此外，路由器还能够为处于休眠状态的终端设备保存数据，直至终端设备唤醒时再将数据发送给它。

③ 终端设备（ZED）。终端设备可以是全功能设备（FFD）或精简功能设备（RFD）。这些设备的主要职责是数据的收集与发送。终端设备只能通过其父节点与网络中的其他设备交换数据，不能直接转发数据，因此，它们在网络中仅作为数据的“终点”存在。终端设备加入和退出网络的能力也使得系统更加灵活，但其功能较为有限，主要依赖父节点进行通信。

ZigBee 网络中的节点类型配置直接影响到系统的网络结构和通信效率。协调器负责网络的管理和初始化，路由器提供数据传输的保障，而终端设备则负责数据的采集和传输。在实际应用中，节点类型的合理配置和协调，是确保网络高效稳定运行的关键。

2. 通信方式

ZigBee 的通信方式主要包括点播、组播和广播三种，每种通信方式在网络中具有不同的特点和适用场景。通过合理配置不同的通信方式，能够有效提升网络的效率和数据传输的可靠性。

① 点播。点播通信方式指的是 ZigBee 网络中的一个节点设备向指定目标发送信息，目标通常通过短地址或 MAC 地址进行标识。在点播通信中，只有

一个节点能够接收到发送的信息。此方式适用于在网络中向某个特定节点发送信息，确保数据的私密性和准确性。点播通信有两种主要形式：一种是直接绑定方式，两个设备通过事先绑定建立通信关系，确保信息仅能在这两个设备之间传递，其他节点无法接收；另一种是间接发送方式，在该方式下，数据发送者通过目标节点的短地址进行通信，网络中每个节点都会分配有一个唯一的短地址，确保数据能够准确到达指定的目标节点。

② 组播。组播通信方式则用于在固定的节点群组中传播信息。在 ZigBee 网络中，可以通过将节点绑定在同一组内，并注册相同的 GrouPID，使得这些节点成为一个组。当一个源节点发送数据时，数据将根据 GrouPID 广播到该群组中的所有节点，而不在组内的节点无法接收该信息。组播适用于需要将信息传递给特定一组节点的场景，能够有效减少网络中不必要的数据传输，优化通信资源的使用。

③ 广播。广播通信方式允许数据在 ZigBee 网络中广泛传播，几乎所有节点都能接收到广播信息。在广播过程中，数据发送者将信息发送到一个广播地址，这样网络中的所有节点都会接收到信息。在 ZigBee 网络中，只有协调器、路由器和设置了 macRxOnWhenIdle 功能的终端设备能够处理广播信息。其他节点无法转发广播信息，因此，广播的范围和传输方式受到节点类型的限制。广播适用于需要将信息传递给网络中所有节点的情况，尤其是在需要快速传播信息或通知全网所有设备的场景。

3. 网络拓扑结构

ZigBee 网络的拓扑结构是构建高效通信系统的核心组成部分，主要包括三种基本类型：星形网络、树状网络以及网状网络。每种拓扑结构具有其独特的特点和适用场景，能够根据不同的需求实现节点之间的高效通信和数据交换。以下是这三种网络拓扑结构的详细描述及其功能作用。

① 星形网络。星形网络，也称为 Star 形结构，是 ZigBee 网络中最基本的一种拓扑结构。在星形网络中，所有节点设备都直接与一个中心协调器（ZigBee coordinator，ZC）通信，而无法直接相互通信。该结构中的协调器起着主导作用，能够与网络中的所有节点进行通信，但节点间的相互通信只能通过协调器进行转发。通常，协调器为全功能设备（FFD），它负责网络的初始化、信道选择、PANID（个人区域网络标识符）分配，并且管理网络的稳定运行。网络中的其他节点可以是路由器（ZigBee router，ZR）或终端设备（ZigBee end device，ZED），它们与协调器建立连接，并依赖协调器进行信息交

换。星形网络结构的优点是简单且易于管理，但其缺点在于协调器的故障会导致整个网络的瘫痪，因此在大型或复杂的网络环境下，星形网络的使用受到限制。

② 树状网络。树状网络，也称为 Tree 形结构，适用于节点分布较为广泛的应用场景。树状网络通过层级结构进行组织，其主要特点是终端节点位于网络的最末端，通常称为“子叶”节点。这些终端节点通过中间的路由器或协调器与上级节点进行连接，从而形成层级化的网络结构，类似于树的枝干与树叶。树状网络的核心是一个协调器，它负责网络的初始化并为每个加入的节点分配唯一的网络地址。协调器与各路由器之间通过信标帧进行通信，路由器则通过信标帧向其下级节点传递信息，允许它们加入网络。树状网络的优点在于能够支持较大规模的网络和较远距离的节点分布，通过逐级传递信息来扩展网络的覆盖范围。然而，树状网络也存在一些问题，最为显著的是路径的单一性。由于每一对节点之间的通信路径通常只有一条，因此一旦某一节点或路径出现故障，整个网络的通信可能会受到影响。

③ 网状网络。网状网络（mesh network）结构是 ZigBee 网络中最为复杂且灵活的拓扑结构。在这种结构中，每个节点，特别是全功能设备（FFD）节点，既可以充当数据转发节点，又可以直接与其他节点进行通信。这意味着在网状网络中，节点之间的通信路径并非唯一，网络内存在多个可能的通信路径。这一特性使得网状网络在面对节点故障或路径中断时能够自动选择其他路径进行数据传输，从而提高了网络的鲁棒性和容错能力。网状网络的主要优势在于其灵活性和可靠性，尤其适合需要高可靠性和冗余备份的场景，如智能交通系统等。尽管网状网络提供了多条通信路径，但这种结构也增加了通信的复杂度，需要更高级的网络管理和路径优化策略。

（三） ZigBee 组网设计

ZigBee 组网在智能车节点的协同控制和信息传递中发挥着至关重要的作用。其主要目的是确保在不同的时间和地点，智能车能够灵活地扮演多种角色，并采取适当的通信方式来实现高效的协作通信。鉴于系统对协作通信和协同控制的需求，ZigBee 技术被选用于构建一个具备点播与广播功能、支持大容量节点且能够灵活切换的网状网络。该网络的搭建过程主要包括两个关键步骤：网络初始化与节点入网。

1. 网络初始化

在 ZigBee 网络的建设过程中，协调器承担了核心任务。为了建立一个新的网络，节点必须满足以下两个基本条件：首先，节点类型应为 FFD（全功能设备），并且具备作为 ZigBee 协调器的能力；其次，该节点不能已加入其他网络，且每个节点只能加入一个协调器管理的网络。

ZigBee 网络的初始化过程由协调器中的协议栈按照预设程序依次执行。每一个初始化步骤都有明确的顺序要求，确保网络的有序启动。此外，每个 ZigBee 节点都配有一个全球唯一的 MAC 地址，该地址通常是不可更改的。MAC 地址在网络中充当标识符，确保每个节点在网络中的唯一性，从而避免数据冲突和通信干扰。

网络初始化的具体步骤如下。

（1）确定网络中的协调器

在无线网络初始化过程中，节点上电启动后首先执行设备类型识别操作。判断依据在于节点是否属于全功能设备（FFD），因协调器角色仅能由该类型设备承担。若节点被识别为 FFD，系统进一步验证其当前网络状态，需满足未加入其他网络且周围不存在已激活的协调器节点。此后，该节点启动主动扫描流程，用以确认其在局部通信范围内的唯一性。

具体操作过程中，节点首先生成并广播符合通信协议规范的信标帧，以发送信标请求。信标请求以固定周期重复发送，在协议栈设定的时间窗内持续监测外部响应。若在设定周期内未接收到任何其他信标帧，即可初步判定网络中无其他协调器存在。此时，该 FFD 节点便自动承担协调器角色，初始化网络结构并周期性地广播自身信标帧，为其他节点加入提供配置信息支持。

（2）协调器进行信道扫描

协调器节点确立后，需开展信道扫描流程，以获取最优的工作信道，从而构建高可靠性、低干扰的通信环境。该过程由网络层中的管理实体发起，并通过 MAC 层执行具体的扫描任务。信道扫描由能量扫描与主动扫描两部分构成，分别聚焦于信道干扰评估与网络信息收集。

在能量扫描阶段，管理实体对预定义的多个信道进行能量值检测。检测结果以信道能量强度排序，从高至低标识出各信道的干扰等级。协议栈中预设有能量阈值标准，用于筛选适用信道。凡能量值超出该阈值的信道将被剔除，仅保留低干扰、能量稳定的信道供后续使用。这一过程确保协调器所选择的信道具备良好的通信基础环境。

完成能量扫描后，系统进入主动扫描阶段。协调器开始向周边节点广播信标帧，意在采集局部网络中其他节点的存在状态与相关配置信息。同时，处于监听状态的节点也主动接收这些信标信息，并反馈至协调器。协调器根据收集到的网络结构信息，对信道的实际通信负荷进行进一步分析，最终确认干扰最小、通信质量最优的工作信道。该机制在保障网络稳定性与通信效率方面发挥了关键作用。

（3）设置 PANID

在 ZigBee 网络的搭建过程中，确定合适的信道后，网络层管理实体需选择一个合适的 PANID（个人区域网络标识符）作为网络的标识符。PANID 的取值范围为 0x0000 至 0x3FFF，其中每个 ZigBee 网络中的所有节点均共享相同的 PANID。PANID 的选择必须避免与广播的 PAN 标识符（0xFFFF）重复，并且不得与其他现有网络的 PANID 产生冲突。通过这一机制，ZigBee 网络可以保证不同网络之间的独立性和互不干扰。

为确保节点设备在网络中的唯一性，ZigBee 协议栈为每个节点提供了两种地址模式：MAC 地址和网络地址。MAC 地址是全球唯一的 64 位地址，由 IEEE 注册管理机构（RA）分配。MAC 地址的前 24 位由 IEEE 组织分配，以保证全球的唯一性，而剩余的 24 位则由设备厂商分配，从而为每个设备创建一个唯一标识。网络地址（即短地址）是 ZigBee 网络中用于唯一标识每个节点的 16 位地址。每个节点的网络地址在网络内是唯一的，确保网络中各节点的准确区分。

在协调器建立网络后，网络中的各节点通过短地址进行通信。协调器的短地址通常设为 0x0000，并作为系统默认地址。在网络初始化完成后，剩余的任务是允许其他节点加入该网络。节点加入时，会选择信号最强的周围节点作为父节点，建立通信连接。加入网络的节点随后将被分配一个独立的网络地址，并根据网络的拓扑关系更新其自身的网络结构。这些信息会被保存在节点的 Flash 内存中，确保在后续通信中能够准确使用网络地址，以与其他节点进行有效通信。

2. 节点入网

在 ZigBee 网络中，节点设备之间具有一定的成员关系。当某一节点允许其他节点接入时，便形成了父节点与子节点的关系。在这种结构中，父节点负责管理和控制子节点的连接与通信。子节点加入网络的方式主要有两种：通过协调器接入网络和通过已有节点接入网络。以下将详细探讨这两种方式。

（1）通过协调器接入网络

在 ZigBee 网络中，节点设备通常以全功能设备（FFD）形式存在，当 FFD 节点希望加入网络时，它必须向网络协调器发送连接请求命令。协调器在接收到请求后，根据一定的条件判断是否允许该节点加入网络。这些条件通常涉及节点的物理资源、网络地址分配以及该节点是否满足网络的拓扑结构要求。只有在满足这些条件的情况下，协调器才会响应并允许该节点接入网络。节点设备在接入网络时需要具备足够的物理容量空间以承载所需的通信任务，同时需要确保其拥有正确的网络地址信息。通过协调器的接入方式，可以确保网络的稳定性和管理的集中化，使得每个加入的节点都能获得有效的网络标识符并融入到网络中，从而保证通信的顺畅和高效。具体的流程如下。

① 网络协调器的主动扫描机制。在网络初始化阶段，具备全功能特性的 FFD 节点需首先执行协调器扫描程序。此过程中，节点主动生成并周期性地广播自身信标帧，意在探测局部网络中是否已存在活跃的协调器节点。扫描行为以固定周期为单位进行，在每个周期内，节点持续监听信标帧返回信号。一旦检测到其他协调器广播的信标帧，FFD 节点将获取其基本配置信息，并根据该信息构建后续的连接请求。若在一个周期内未接收到任何有效信标帧，节点则继续进入下一周期的扫描流程，直至成功发现目标协调器。

② 关联请求命令的发送流程。在成功探测到协调器之后，FFD 节点启动关联请求程序，主动向协调器发送关联请求命令，意图加入该网络。协调器在接收到此请求后，首先通过 MAC 层返回一个确认帧（ACK），确认已接收到来自节点的请求命令。随后，协调器将该请求上报给其上层管理实体，触发连接指示原语的传递。协调器上层依据当前系统状态，包括内存资源占用情况、接收信号强度及周围干扰水平等参数，综合评估节点请求的可行性。评估完成后，协调器根据判断结果决定是否接纳该节点，并生成相应的关联响应。

③ 节点对协调器响应的等待机制。在接收到协调器发出的确认帧后，FFD 节点进入等待状态，其 MAC 层在预设时间窗口内持续监听协调器返回的连接响应。协调器在发出连接指示原语的同时，也启动了响应等待计时机制。若协调器最终批准节点的连接请求，将为其分配一个唯一的 16 位网络地址，并将包含此地址及连接成功指令的响应命令下发给节点。反之，若资源受限无法满足节点的加入请求，协调器则不会发送确认响应，节点在等待超时后将重启关联请求流程，进入下一周期，重新发起连接。

④ 关联响应命令的处理与重试机制。在协调器等待响应时，若决定接纳节点加入网络，则会将预生成的关联响应命令暂存于本地缓冲区。待节点在下一周期再次发送关联请求命令时，协调器即刻响应 ACK，并同步下发之前已生成的关联响应命令。若节点在该周期内成功接收到该响应命令，则确认协调器已批准其连接申请。若节点未能直接接收关联响应命令，可通过读取协调器信标帧中的扩展字段进行关联响应提取。若读取成功，节点将据此加入网络；

否则，该节点需在随后的周期中继续发送关联请求，直至建立有效连接。

⑤ 关联确认与信息存储机制。当FFD节点接收到协调器下发的关联响应命令后，将立即发送一个确认帧，以确认该命令已被成功接收。随后，节点从关联响应中提取协调器的标识信息及网络参数，并将该数据存储于本地的物理存储空间中，为后续通信提供基础配置。与此同时，节点的实体管理模块会向其上层传递连接成功确认原语，标志着节点正式完成网络加入流程，具备执行后续网络通信任务的能力。

（2）通过已有节点接入网络

在ZigBee网络中，除了通过协调器直接接入网络外，节点还可通过已有的FFD节点作为中介来加入网络。通过这种方式，已与协调器成功关联的FFD节点能够作为父节点，允许其他节点（尤其是其他FFD节点）加入网络。这一加入方式在ZigBee网络中被称为通过已有节点接入网络，具体的实现方式可分为关联方式和直接方式两种。

在关联方式中，节点首先需要通过扫描邻近的网络节点，确定哪些已加入网络的节点可作为父节点。一旦识别到适合的父节点，节点便可以发送网络请求命令，要求与选定的父节点建立联系。父节点根据预设的条件（如网络容量、节点地址等）决定是否允许新的子节点加入。一旦父节点接受请求，节点便可以顺利加入网络并获得网络标识符以及其他相关的网络信息。

在直接方式中，节点的父节点是事先指定的。这种方式通常在网络拓扑结构较为明确时应用，通过直接指定父节点可以省略邻近节点的扫描和选择过程，从而加速网络接入的过程。该方式确保节点能够迅速与父节点建立连接，从而融入网络。

然而，ZigBee网络中并非所有节点都能无障碍地加入网络。对于孤儿节点（即已加入网络但失去与父节点关联的节点）而言，加入网络的过程相对复杂。孤儿节点会保留原父节点的相关信息，包括协议栈、PANID及相邻地址等数据。若孤儿节点在相邻表中找到原父节点的相关信息，它可直接向父节点发送重新接入的请求命令。如果原父节点允许该请求，孤儿节点则能够恢复并重新加入网络。然而，如果原父节点无法响应该请求，孤儿节点则必须作为新节点重新搜索合适的父节点，并尝试加入新的网络。

在节点通过已有节点加入网络的过程中，首先需要扫描周围的网络环境，收集可能的父节点信息，并将这些信息存储在相邻表中。相邻表中记录了父节点的协议栈版本、PANID、相邻地址以及连接信息等关键信息。节点根据这些信息挑选出最优的父节点（通常是网络深度最小且符合网络标准的节点），并向该节点发送网络请求命令。若请求命令成功，父节点将为新加入的子节点分配一个短地址，从而完成其入网过程。若请求命令未得到响应，则节点需重新扫描周围的网络环境，更新相邻表，继续向其他父节点发起连接请求，直到成功加入一个新的网络。

第三节　多智能体协调控制实验系统的设计

一、多智能体系统总体结构

多智能体协调控制实验系统是现代控制理论与先进通信技术融合的产物，旨在通过搭建物理层级的实验平台，实现对多智能体系统一致性控制策略的验证与推广。该系统以模块化、标准化、可扩展性和高度集成为设计核心，综合考虑理论算法的可实现性、数据可获取性和控制策略的可落地性。整体结构分为三大功能模块：个体智能体子系统、感知与定位系统、协同控制策略。系统在结构上既需满足多个智能体之间的信息交互与协同，又需支持单体智能体的精准运动控制及状态反馈，从而构建一个能够真实映射理论模型的实验环境。

在系统架构设计中，集中式控制与分布式控制的协同应用成为关键技术路线。集中式控制便于实现系统级调度与全局一致性管理，支持对任意一个智能体的路径进行控制与干预。其核心在于构建统一的中央决策平台，通过对所有智能体状态的集中感知与分析，实现对整个系统的调控。然而，集中式控制面临的瓶颈在于系统响应延迟大、计算压力集中、扩展性差，尤其在智能体数量增多时，其弊端愈发明显。

为此，系统在架构层面引入分布式控制思想，强调智能体自主决策能力的提升。各智能体在感知局部环境及邻居状态后，独立执行控制算法，从而实现系统的整体协调。通过集中式定位与分布式执行的机制，既保留了系统结构的整体一致性，又提升了各子系统的独立运行能力，减少了系统耦合度，提高了控制精度与实时响应性能。

二、多智能体个体设计

智能体实际系统应该具有控制简单的特点，要求智能体本体具有良好的控制精度和模型抽象性。从理论层面分析，多智能体一致性控制的相关研究工作者关心智能体的位置信息，而最终以智能体的线速度和角速度来控制智能体的运动。设计过程中，如何抽象出智能体线速度、角速度与智能体左右轮转速的模型关系成为智能体个体设计的关键问题。

智能体实际系统具有信息共享性，也就是说智能体单体需要获得自身和其他智能体的位置信息，这要求智能体本身具有通信功能，由于智能体本身为移动体，这里选择了无线通信方式。

（一）移动智能体速度控制模型

智能体个体设计的首要任务，是对其动力学行为进行准确建模，从而构建由控制输入驱动运动状态变化的函数关系。移动智能体的控制对象不再是理想质点，而是具有真实几何尺寸与驱动特性的实体车辆。如图 5-9 所示为移动智能体速度模型示意图，这里假设智能体的线速度为 v，角速度为 ω，两轮子之间的距离为 L，则移动智能体 P 在 Δt 时刻运动的角度为：

$$\theta=\omega\Delta t \tag{5-39}$$

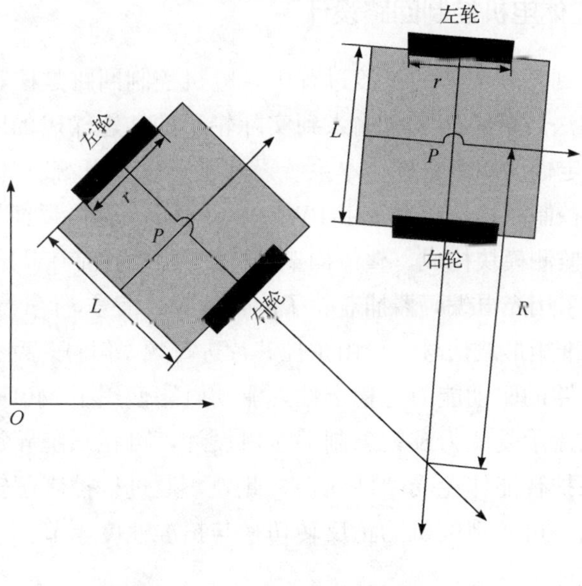

图 5-9　移动智能体速度模型示意图

运动的总路程为：

$$S=v\Delta t \tag{5-40}$$

由式（5-39）、式（5-40）和圆周定律可知，移动智能体在 Δt 内的运动半径为：

$$R=\frac{S}{\theta}=\frac{v}{\omega} \tag{5-41}$$

由此可得到如下公式：

$$\frac{R-L/2}{R+L/2}=\frac{v_R}{v_L} \tag{5-42}$$

$$\frac{v_R+v_L}{2}=V \tag{5-43}$$

根据式（5-42）、式（5-43）可以得出：

$$v_R=V-\frac{1}{2}\omega \tag{5-44}$$

$$v_L=V+\frac{1}{2}\omega \tag{5-45}$$

给定每个移动智能体一定的速度值和角速度值，通过控制器的处理，可以把系统给定的速度值和角速度分别转化为两个轮子的转速，在模型层次为决策算法和实际平台的结合提供了依据。

（二）移动智能体电机控制回路设计

在实现模型到物理实体的过渡过程中，电机控制回路是核心环节。其目标是完成由控制算法所给定的速度输入到实际轮子的转速输出的闭环控制。为实现高响应性与稳定性的双重目标，本系统设计了一整套以 STM32 为核心控制器的直流电机闭环控制系统。该系统由 PWM 驱动模块、速度反馈模块、桥式驱动模块、电流电压监测模块构成，整体构架支持高频率的控制信号更新与实时反馈处理。速度反馈采用光电编码器捕获轮子旋转的脉冲信号，经过整形、放大电路处理后转换为标准矩形波信号，再由主控芯片进行频率解算，间接得出转速。

为了增强电路的驱动能力与稳定性，驱动电路使用了 MOSFET 构成 H 桥结构，具备高电流承受能力及紧急制动接口设计，可在系统异常时通过逻辑信号强制制动，保护智能体免受硬件损伤。此外，通过桥控制逻辑与 PWM 信号的合理时序控制，可实现电机的正反转切换与精准速度调节。

（三）移动智能体控制软件设计

软件部分作为控制系统的神经中枢，承担着接收外部控制指令、解算运动参数、驱动电机执行动作及实时监测反馈等任务。采用嵌入式 Linux 作为操作系统平台，增强了系统在多任务处理与实时性控制方面的性能。同时，结合 MATLAB 自动代码生成技术，实现了将控制算法从模型层直接迁移至硬件执行层，极大提升了开发效率与系统兼容性。

软件框架采用模块化设计，主要包括通信模块、PID 控制模块、传感数据处理模块、异常状态监控模块等。其中，PID 控制模块引入变积分控制策略，根据智能体运动状态的动态变化调整积分参数，以克服传统 PID 控制在系统非线性时可能引发的超调与迟滞问题。

三、定位与实验系统模型

在智能体本体设计的基础上，对于整体实验系统而言，需要为每个智能体提供通信的条件和位置信息。就通信系统而言，因为每个智能体都有通信模块，信息的交流已经具备了硬件基础，此时就需要通过不同的拓扑结构进行优化组合。对于多智能体平台，最重要的信息就是智能体的位置信息，那么定位的问题就成为多智能体平台搭建的核心问题。

（一）全局定位与自主定位

1. 视觉全局定位

实验系统采用顶部摄像头与图像处理算法完成对场景中各智能体位置与姿态的全局识别。通过在每个智能体上粘贴独特的标识符，实现从图像数据中提取目标位置信息。图像处理主机通过多目标识别与跟踪算法，实时构建系统中各智能体的全局坐标系，并发送至上位机或分布式智能体单元，供路径规划与控制算法使用。

2. 视觉自主定位

与全局定位相对，自主定位更强调智能体个体通过摄像头或传感器进行环境识别与位置估计。系统采用融合视觉传感与惯性测量单元（IMU）的方法，提升在遮挡、光照变化等非理想条件下的鲁棒性。通过局部地图构建与 SLAM 算法，实现智能体在未知环境中的自主导航与避障。

（二）多智能体实验系统模型

系统模型要求能够尽量反映实际系统的工作状态，以方便根据实际模型状态设计相应的控制算法。系统模型的建立从理论模型入手进行分析，然后根据实际测量的数据和误差系数进行修正。

系统的图像采集环节、图像定位环节、无线传输环节、智能体运动环节都是给定的环节，需要设计的是控制器环节。

根据移动智能体数量的不同，系统的处理时间不同，经试验测试得到，如果移动智能体数量为 N，则系统处理时间为：

$$T=N\times 10\ (\mathrm{ms}) \tag{5-46}$$

通过试验可得到如下条件：

① 图像采集时间为非常短，可忽略不计；

② 图像定位时间约为 $N\times 10(\mathrm{ms})$，N 表示智能体的个数，该环节可设定为延时环节；

③ 无线传输时间为 10ms，该环节可设定为延时环节。

由于图像采集时间相对于整个系统的延时来说非常短，所以在实际的算法设计中可以忽略不计。因此平台可设定为纯滞后系统，系统延时时间为：

$$T=(2N+1)\times 10\ (\mathrm{ms}) \tag{5-47}$$

由于图像采集时间可忽略不计，所以图像采集时间极短，可设定为比例环节 K，比例系数为 $K=1$。

智能体运动状态由线速度和角速度控制，根据轮式智能体本身的运动特性，将其运动学模型写成差分方程的形式如下：

$$\begin{aligned} x_n-x_{n-1}&=v\Delta T\cos(\alpha_{n-1}+\theta\Delta T)\\ y_n-y_{n-1}&=v\Delta T\sin(\alpha_{n-1}+\theta\Delta T)\end{aligned} \tag{5-48}$$

其中，(x_n,y_n) 表示第 n 点坐标，v 表示移动智能体线速度，ΔT 表示采样时间，α_{n-1} 表示第 $n-1$ 时刻智能体的运动方向，θ 表示智能体角速度。

同时智能体的位姿可以表示为：

$$P=[x,y,\alpha]^{\mathrm{T}} \tag{5-49}$$

其中，(x,y) 为智能体的位置坐标，α 为智能体的运动相角。可以得到智能体的运动学方程为：

$$\begin{bmatrix}\dot{x}\\ \dot{y}\\ \dot{\alpha}\end{bmatrix}=\begin{bmatrix}\cos\alpha & 0\\ \sin\alpha & 0\\ 0 & 1\end{bmatrix}\begin{bmatrix}v\\ \theta\end{bmatrix} \tag{5-50}$$

这样，系统的模型和智能体的动力学模型就给定了。实际的系统当中由于摩擦因数、智能体的惯性系数以及车轮齿轮箱咬合系数等其他不可预知的影响因素，需要考虑为智能体线速度添加一个影响因子 μ_v，为智能体角速度添加一个影响因子 μ_g，此时考虑智能体线速度为：

$$v'=v(1+\mu_v) \tag{5-51}$$

角速度为：

$$\theta' = \theta(1+\mu_g) \tag{5-52}$$

由此可推导出智能体的运动学差分方程的实际模型为：

$$\begin{aligned} x_n - x_{n-1} &= v'\Delta T\cos(\alpha_{n-1} + \theta'\Delta T) \\ y_n - y_{n-1} &= v'\Delta T\sin(\alpha_{n-1} + \theta'\Delta T) \end{aligned} \tag{5-53}$$

运动学状态方程的实际模型为：

$$\begin{bmatrix} \dot{x} \\ \dot{y} \\ \dot{\alpha} \end{bmatrix} = \begin{bmatrix} \cos\alpha & 0 \\ \sin\alpha & 0 \\ 0 & 1 \end{bmatrix} \begin{bmatrix} v' \\ \theta' \end{bmatrix} \tag{5-54}$$

根据实验测得：

$$\begin{aligned} \mu_v &\approx -0.07 \\ \mu_g &\approx -0.12 \end{aligned} \tag{5-55}$$

四、协调控制与实验

协调控制的本质在于多个个体间行为的相互协调与协同。为实现这一目标，系统引入“能量密度”概念作为系统状态的量化指标，具体体现为在单位空间内智能体的分布密度与速度分布情况。通过能量密度模型可以评估局部过密、稀疏区域，为路径调整与编队控制提供依据。协同控制策略以局部信息感知为基础，引入相对位置信息、速度信息及邻居状态，构建状态误差函数并引导个体向目标状态收敛。常用方法包括平均一致性法、Lyapunov 稳定性函数设计与非线性控制律构建等，目的是实现系统的渐近稳定与任务完成。

实验平台设计涵盖多个典型协调任务场景，包括目标跟踪、路径规划、避障控制及队形保持。每项实验基于相应的控制算法，通过设置不同初始条件、障碍环境及目标点，验证算法在不同条件下的性能表现。

实验指标包括轨迹误差、到达时间、能耗指标与智能体间相对距离误差等。通过实验数据分析，可以定量评估系统在实时性、稳定性、鲁棒性方面的表现，并对控制算法进行优化与改进。

实验结果表明，所提出的多智能体协调控制实验系统具有良好的可控性与可扩展性，能在不同规模与任务条件下稳定运行，成功完成多个典型多智能体协调任务。系统架构设计与智能体控制模型的合理性得到了充分验证，为今后更复杂场景下的协同控制研究奠定了坚实基础。

第六章

多智能体的应用领域与未来发展

随着人工智能技术的快速发展，多智能体系统（MAS）已成为分布式智能领域的重要研究方向。多智能体技术通过多个自主智能体之间的协作与竞争，实现了复杂任务的分布式求解，在众多领域展现出广阔的应用前景。本章主要探讨多智能体的未来发展及其应用，多智能体在智能城市、智能交通、智能社会中的应用。

第一节　多智能体的未来发展及其应用

一、多智能体技术的未来发展

多智能体技术作为人工智能领域的重要分支，近年来在理论研究与实际应用中均取得了显著进展。该技术通过模拟多个智能体之间的协作、竞争与协商机制，为解决复杂系统问题提供了新的思路与方法。随着计算能力的提升、算法设计的优化以及跨学科融合的深入，多智能体技术的未来发展呈现出广阔的前景，有望在多个领域实现突破性应用。

从技术层面来看，多智能体系统的核心挑战在于如何实现高效、稳定且可扩展的协同机制。当前的研究重点包括分布式决策、博弈论框架下的策略优化以及基于强化学习的自适应协调方法。未来，随着深度学习与图神经网络的进一步结合，多智能体系统有望在动态环境适应性方面取得重要突破。例如，通过引入注意力机制与元学习技术，智能体可以更高效地共享信息并快速适应环境变化。此外，量子计算的发展可能为多智能体系统带来新的计算范式，使得大规模并行决策与实时优化成为可能。在算法设计上，异构智能体的兼容性问题将受到更多关注，这要求研究者开发更具通用性的交互协议与标准化接口。

在应用场景方面，多智能体技术展现出跨领域的渗透能力。在工业自动化领域，多智能体系统可用于优化生产流程，实现设备间的自主协调与故障预测，从而提升整体效率。在交通管理领域，通过部署智能体集群，城市交通系统有望实现动态路径规划与拥堵缓解，为智能城市建设提供技术支持。此外，在能源领域，多智能体技术能够协调分布式能源的生产与消耗，促进智能电网的稳定运行。医疗健康领域同样受益于该技术，例如在个性化治疗方案制定中，多智能体系统可以整合来自不同数据源的信息，为临床决策提供辅助支持。这些应用不仅验证了技术的实用性，也为后续研究指明了方向。

伦理与安全问题的解决将成为多智能体技术发展的关键环节。随着智能体自主性的增强，确保其行为符合人类价值观与社会规范变得尤为重要。未来研究需要建立更加完善的伦理框架，包括透明度机制、责任追溯系统以及价值观对齐技术。在安全方面，防范恶意攻击与系统级故障需要从设计阶段就纳入考量，例如通过形式化验证方法确保多智能体系统的鲁棒性。隐私保护也是不可忽视的议题，特别是在涉及敏感数据的应用中，差分隐私与联邦学习等技术可能成为标准配置。这些措施将有助于增强公众对多智能体技术的信任，为广泛部署扫清障碍。

标准化与产业化进程将加速多智能体技术的落地。目前，该领域尚未形成统一的行业标准，这在一定程度上限制了技术的规模化应用。未来，通过建立开放式的通信协议与评估体系，不同厂商开发的智能体将能够实现无缝交互。产业界与学术界的合作也将推动技术从实验室走向市场，例如在物流、农业等传统行业中，多智能体解决方案有望显著提升运营效率。投资于基础设施的建设同样重要，包括测试平台的搭建与真实场景的数据收集，这些都将为技术创新提供必要支持。

教育体系与人才培养对多智能体技术的可持续发展具有深远影响。随着技术复杂度的提高，对跨学科人才的需求日益凸显。未来的教育项目可能需要整合计算机科学、控制理论、心理学等多领域知识，培养具备系统思维的专业团队。在线学习平台与开源社区的兴起为知识共享提供了便利，使得更多研究者能够参与到技术探索中。公众科普工作也不容忽视，通过通俗化的传播方式增进社会对多智能体技术的理解，有助于形成良性的发展环境。

国际合作将在推动多智能体技术进步中扮演重要角色。面对气候变化、公共卫生等全球性挑战，跨国界的研究协作显得尤为必要。通过共享数据集、统一测试标准以及联合攻关关键技术，国际社会可以加速多智能体解决方案的开发。开放科学的理念应当得到提倡，这既包括学术成果的公开交流，也涉及伦理准则的全球协商。同时，文化差异对智能体设计的影响也值得关注，未来的系统可能需要具备跨文化适应能力，以满足不同地区的需求。

展望未来，多智能体技术有望成为数字化转型的重要推动力。随着5G/6G通信、物联网、边缘计算等配套技术的成熟，智能体之间的实时交互将更加高效。在虚拟与现实融合的背景下，多智能体系统可能成为连接数字世界与物理世界的桥梁。长期来看，该技术或将催生新的社会经济形态，例如去中心化自治组织（DAO）的普及。尽管仍面临诸多挑战，但通过持续的技术创新与负责任的治理，多智能体技术将为人类社会带来深远而积极的变革。

二、多智能体技术的主要应用

多智能体技术主要用于系统的控制决策，提高系统的鲁棒性、可靠性、灵活性，因此几乎所有涉及智能推理、规划决策、协同控制等领域的相关问题均可以通过多智能体技术来处理，以下将主要介绍多智能体技术在工程技术领域的应用。

（一）多智能体技术在机器人控制中的应用

与传统的控制方式不同，在基于多智能体的机器人操作控制中，智能体作为自主的单元，可以从传感器获取任务的条件，独立采取适当的控制行为，并可与其他的智能体互相配合，来完成预定的任务[1]。目前，将具有强大感知推理能力的多智能体技术应用于机器人控制领域已经屡见不鲜，其中最具代表性的是将智能体技术融入辅助机器人中，以提高单个机器人的语义理解和认知能力，以及将多智能体一致性理论应用到机器人编队控制，以提高多个机器人的协调协作能力。

1. 智能辅助机器人的构建

在设计智能辅助机器人领域，工程师普遍聚焦于提升机器人的常识推理能力与人机交互水平。以家居场景应用为例，为实现机器人主动运用自然语言与

---

[1] 张传清，陈恳，赵正大，等. 操作机器人控制的多智能体方法研究综述［J］. 机械设计与制造，2011，(10)：142-143.

用户交互并辅助弱势群体完成复杂日常任务的目标，研究团队针对现有机器人难以自主执行复杂辅助任务的瓶颈，创新性地将自然语言处理领域的神经知识表示学习（NKRL）框架与多智能体协同系统（HARMS）进行深度融合。该混合模型通过构建多模态语境理解机制，显著增强了机器人的语义解析能力与动态环境适应性，使其能够基于上下文信息主动规划辅助策略，为特定群体提供精准化的智能服务支持。

研究团队在环境智能框架下探索机器人语义空间构建新范式，通过设计基于人机协同学习的语义映射算法，使机器人具备自主知识获取能力。该方案通过实时解析用户行为模式与空间环境特征，动态调整认知决策模型，有效提升了机器人在复杂场景中的环境理解深度与任务执行灵活性。这种基于持续交互学习的认知增强机制，不仅拓展了机器人的服务边界，更为构建具有自主进化能力的智能辅助系统提供了重要技术支撑。

2. 领导-跟随者一致性在机器人控制中的应用

编队控制旨在实现多个机器人形成并维持特定队形，以协同完成多样化任务。根据是否包含队形参考信息，编队控制可划分为不含参考信息的编队生成与含有参考信息的编队跟踪两大类别。在编队跟踪研究领域，领导-跟随者一致性理论占据重要地位。在具备领导者的机器人系统中，领导者机器人承担接收系统输入指令的核心职责，而跟随者机器人则从领导者处获取必要信息，进而达成一致性编队控制目标。

为应对大规模编队控制面临的通信速度与带宽限制难题，有研究团队率先提出一种创新性的分布式领导跟随者体系结构。该体系结构具备显著优势，能够容纳任意数量的领导者及跟随者小组，在智能体仅需交换局部信息的条件下，即可实现对组群时变轨迹的精准追踪，成功实现分布式一致性编队控制。此后，该研究团队进一步在固定领导下的有向固定网络拓扑以及可变领导下的有向切换拓扑结构中，对一致性跟踪的收敛性展开了深入分析。

在上述研究基础上，有研究团队在研究带有摄像头的非完整移动机器人主从队形生成问题时，创新性地设计出一种无需距离状态的视觉编队形成策略。这一策略的独特之处在于，机器人在队形生成过程中无需进行传统的距离估计，从而有效消除了估计误差对控制效果的不良影响。同时，另有研究团队针对群体机器人队形一致性控制问题，为克服系统噪声干扰，将领导者和跟随者划分为多个子系统，并为每个子系统量身定制独立的一致协调控制器和观测器，有效提升了系统的稳定性与可靠性。

此外，为避免无人机在运动过程中发生碰撞，研究团队设计出基于人工势场法的避免碰撞控制协议与一致性编队控制算法，并对一致性编队控制算法的收敛性进行了深入分析，为无人机的安全飞行提供了有力保障。另有研究团队针对车式移动机器人的编队问题，巧妙运用反补法，精心构造轨迹跟踪的李雅普诺夫函数，并通过使该函数负定，成功实现了机器人编队控制，为车式移动机器人的实际应用提供了重要技术支持。这些研究成果不仅丰富了编队控制理论体系，也为相关领域的技术发展提供了具有重要参考价值的解决方案。

3. 有限时间一致性在机器人控制中的应用

在实际控制领域应用中，诸多涉及机器人协同作业及飞行器精准导航的实时控制场景对智能体系统的状态收敛效率提出了严苛要求，而有限时间一致性理论的深化研究为提升系统响应速度与稳定性提供了有效路径。在多机器人系统有限时间一致性跟踪控制框架内，针对输入干扰等复杂因素，通过创新性地重构系统误差函数，研究团队成功实现智能体间相对状态的动态解耦，进而在二阶机器人系统中达成有限时间跟踪控制目标。进一步地，在探索多非完整轮式移动机器人有限时间跟踪动态模型时，创新性地将跟踪误差分解为机器人内部两个独立子系统的控制变量，并针对各子系统分别设计高效的有限时间跟踪控制协议。

此外，在非完整轮式移动机器人平台基础上，相关研究还深入探讨基于视觉伺服的有限时间一致性跟踪策略，针对摄像头参数未知的移动机器人群体，开发自适应跟踪算法，确保系统在有限时间内稳定收敛至期望状态。同时，采用级联控制架构设计移动机器人轨迹的有限时间跟踪控制算法，并通过仿真验证其卓越的收敛性能。一方面，针对高阶动态模型下的多非完整轮式移动机器人有限时间队形生成问题，在领导-跟随者架构下，基于积分滑模控制理论，创新性地设计融合扰动观测器的有限时间反馈控制器。另一方面，为优化编队控制策略，提出基于积分滑模的有限时间事件触发编队控制方法，通过引入新定义的测量误差作为触发条件，在先锋 P3-DX 与火鸟Ⅵ机器人平台上验证该策略在避免 Zeno 现象、提升系统收敛速度及增强鲁棒性方面的显著优势。

4. 带时滞一致性在机器人控制中的应用

随着机器人控制架构从集中式向分布式模式的转变，分散化控制策略显著增强了系统的鲁棒性与容错能力，但同时也导致时滞效应对系统收敛性的负面影响被放大。为有效抑制时滞对控制性能的干扰，保障系统运行的稳定性，学术界针对时滞问题提出了多种创新解决方案。

有研究团队构建了适用于时变时延与自时延场景的领导-跟随者一致性协议，通过李雅普诺夫稳定性分析与线性矩阵不等式技术，证明了在时滞阈值约束条件下系统能够实现渐近一致。另有研究针对固定拓扑结构下具有时变通信时滞的无人机系统，开发了分布式编队控制算法，并采用线性不等式推导出系统稳定的判定准则。在时变通信时滞环境下，编队一致性控制算法通过仿真验证了其误差快速收敛特性。此外，针对复杂环境下的编队重构控制问题，信息补偿机制通过滤波算法有效解决了通信延迟引发的信息异步问题。

尽管时滞一致性理论取得显著进展，但工程实践中的应用案例仍显不足，形成了理论研究与工程实践的明显断层。这种脱节现象主要源于理论模型与工程场景的差异性：理论研究多聚焦于特定问题的简化模型，而实际工程系统常面临多类型时滞耦合、时变特性、不确定性时滞、噪声干扰及通信节点失效等复杂约束。同时，理论成果的工程转化还需综合考量系统资源限制、通信成本约束等现实工程要素。

（二）多智能体技术在无线传感器网络中的应用

鉴于多智能体技术具备自主决策、快速响应及高效协同等特性，学术界积极探索将其引入无线传感器网络体系，以增强传感器节点的数据过滤精度与整体信息处理效能。然而，将多智能体技术嵌入计算与存储资源受限的嵌入式传感器设备中时面临诸多挑战，其中首要任务在于减轻智能体对硬件资源的过度依赖。当前，解决这一难题的常用策略涵盖：构建基于事件驱动的采样机制以及精简智能体架构与优化其控制算法。

通过实施事件触发策略，可有效调控控制器的更新频次并削减通信开销，进而降低智能体对物理资源的消耗。此外，采用分布式约束优化算法，如基于Adopt与Max-Sum的算法框架，能够降低无线传感器网络在自组织与协同作业过程中对传感器设备性能及功耗的严苛要求。在材料科学、结构健康监测及负载监测等应用场景中，借助自组织移动多智能体系统与逆数值分析技术处理传感器数据时，考虑到传感器资源的稀缺性，采用事件触发采样模式替代传统周期采样，仅在传感器数据发生显著波动时启动全局采样机制。同时，将事件触发机制与二进制一致性协议相结合，设定传感器节点状态误差作为触发条件，可显著降低控制策略的能耗水平。在无线传感器网络的信息路由协议设计领域，动态事件聚类路由协议通过区域传感器数据的聚类分析，评估事件发生的可信度，有效规避了冗余信息的传输。

（三）多智能体技术的其他应用

多智能体相关技术因其突出的协同控制能力与信息融合特性，在复杂系统设计中成为工程领域的重要技术手段。工程师通过引入多智能体架构，能够系统性地解决系统运行中涌现的分布式协调、动态响应优化等核心问题，显著提升系统的稳定性、容错性及运行效率。

在智能电网调控领域，该技术已形成多个典型应用范式。针对孤岛微电网频率调节的分布式控制需求，研究者通过有限时间一致性算法构建了快速收敛的协同控制框架，有效解决了传统集中式调控的时延瓶颈。针对分布式电源接入引发的时滞耦合问题，被基于时滞一致性理论的能源优化调度方法提出，实现了多源异构系统的实时动态平衡。此外，事件触发控制机制与多智能体架构的结合，通过构建节点间有功功率的智能协商机制，大幅降低了微电网互联设备的冗余配置需求。

在跨领域应用层面，多智能体技术展现出强大的技术迁移能力。在航空航天控制领域，其分布式决策机制有效提升了飞行器编队的协同精度；工业生产中，基于多智能体的柔性制造系统实现了生产单元的动态重构与自适应优化；故障诊断领域，分布式状态监测网络通过多源信息融合显著提高了故障识别准确率；交通控制中，智能体集群的协同路径规划算法有效缓解了城市路网的拥堵压力；网络负载均衡方面，基于多智能体博弈论的流量分配策略，实现了网络资源的智能调度与弹性扩展。这些实践表明，多智能体技术已成为解决复杂系统控制难题的共性技术支撑。

第二节　多智能体在智能城市中的应用

建设智能城市的目的是使城市设施更加智能、服务更加便捷、管理更加精细，有效提高城市化发展质量和水平。在建设过程中，人工智能、物联网、云计算、大数据等新一代信息技术的创新应用已成为推动智能城市发展的主流力量。在这个庞大的产业链上，又有着智能城市、未来城市、城市计算等名词和称谓，而我们实现的是人工智能的智能城市。在智能城市建设中中，计算机模拟是一个强大的工具。在此基础上，认识城市的办法就是给城市赋能。在智能城市中，许多不同的原则交汇起来，共同运作以推进智能城市的发展。

城市作为当今经济的主要驱动力，创造了巨大的财富，并在众多领域展现出卓越的影响力。人口的快速增长给城市服务和基础设施带来了新的挑战，但与此同时，城市仍然是世界上最好的寻找解决方案的实验室，并在此过程中创造着新的经济机会和社会福利。数字智能为城市提供了一套新的工具，利用更少的资源做更多、更有效率的事情。智能城市的出现将带来丰富的经济机会和社会效益，同时减轻城市化所面临的挑战和问题。

一、智慧城市与智能城市

（一）搭建智慧城市

随着我国城市化的迅猛发展，城市人口的激增和城市扩张导致了土地使用模式和地表特征的转变。自然植被和未开发土地被众多建筑、沥青和水泥道路所取代。这种变化改变了城市大气的热动力状态，加剧了城市生产、建筑、气候和环境之间的矛盾。城市工业排放的烟尘、气溶胶、颗粒物以及汽车尾气和工地扬尘，对气温、湿度、能见度、风速和降水产生了影响，导致了“城市热岛”“城市干岛”“城市混沌岛”和“城市洪峰”等特有的城市现象，这些现象又对人们的生产和生活产生了深远的影响。积极应对气候变化，治理环境污染和改善城市形态，从而创造舒适和谐的人居环境，是摆在城市建设和管理者面前的重大课题。例如，通过实施垃圾分类回收制度，建立垃圾分类投放点、垃圾清运中心和再生资源回收站，可以有效减少垃圾总量，并将废旧物资加工处理成再生资源，减少对自然资源的依赖。此外，加强水体治理，如关停污染严重的企业、建设污水处理厂等，可以明显改善河水水质，恢复生态环境。推广使用清洁能源、新能源汽车，加强空气质量监测等措施，有效治理大气污染，提高空气质量，改善居民健康水平。这些案例表明，通过政府、企业和社会各界的共同努力，采取科学合理的措施和方法，我们可以有效地减少环境污染，保护生态环境，促进可持续发展。

1. 智慧城市的定义

智慧城市运用先进的信息感知、通信、网络、数据处理等技术手段对城市生态系统中的基础设施、资源环境、市政管理、经济产业和社会民生等系统的核心信息进行感知、传输、处理、分析和共享，最终实现反馈控制。

智慧城市通过整合新一代信息技术，如物联网、大数据、人工智能和云计算等，不仅在狭义上改造城市相关领域，方便市民生活，更在广义上作为工具，整合城市资源，激发创新，优化城市管理、经济结构和公共服务，从而实现城市的可持续发展。例如，新加坡通过智能交通系统优化交通信号灯设置，减少拥堵；哥本哈根利用智能自行车道和垃圾回收系统提升城市效率；芝加哥的智能电网项目和伦敦的空气质量监测网络则分别在能源管理和环境监测方面展现了智慧城市技术的潜力。

2. “智慧城市”的要素

（1）提升市民生活品质

“智慧城市”作为现代化城市发展的高级形态，其核心目标之一是通过信息技术的深度应用，构建智慧化的民生服务体系，显著提升市民的生活品质。智慧民生服务体系的构建，本质上是通过数据开放、共享与融合，打破传统公共服务领域的信息壁垒，实现医疗健康、就业、公共安全、教育等领域的资源优化配置与高效利用。这种服务体系的核心在于，通过信息技术的有效运用，为市民提供公平、平等的公共资源使用机会，从而缩小社会资源分配的不平等差距。

在医疗健康领域，智慧城市的建设可以通过建立全民健康信息平台，整合医疗资源，实现远程诊断、智能分诊、健康监测等功能。这种模式不仅提高了医疗资源的利用效率，还为偏远地区或医疗资源匮乏地区的居民提供了平等的医疗服务机会。在教育领域，智慧城市的教育信息化平台能够实现优质教育资源的共享，通过在线教育、虚拟课堂等形式，为不同社会阶层的市民提供均等化的学习机会。就业方面，智慧城市的就业服务平台能够实时匹配劳动力供需信息，通过大数据分析为求职者提供精准的职业推荐，同时为企业提供高效的人才匹配服务。公共安全领域则通过智能化监控系统、应急响应平台等技术手段，提升城市安全管理水平，保障市民的生命财产安全。

智慧民生服务体系的构建，不仅是技术层面的创新，更是社会治理模式的深刻变革。通过数据驱动的资源分配机制，智慧城市能够有效缓解传统公共服务中的资源分配不均问题，推动社会公平与和谐发展。这种以市民为中心的服务理念，体现了智慧城市作为现代化城市形态的核心价值。

（2）提升城市治理效率

智慧城市的另一个重要特征是通过信息化技术推动城市治理体系的现代化，显著提升城市治理效率。在传统城市管理模式中，信息孤岛、数据割裂等问题严重制约了治理效率的提升。智慧城市通过构建统一的城市数据平台，将分散在不同部门、不同领域的数据进行整合与共享，为城市治理提供了全面、实时的数据支持。

统一的城市数据平台能够实现跨部门协作，打破传统治理模式中的信息壁垒。例如，在城市交通管理中，通过整合交通流量数据、气象数据、事故数据等多源信息，智能交通系统能够实时优化信号灯配时，减少拥堵，提高道路通行效率。在城市环境管理中，通过整合空气质量监测数据、污染源排放数据等信息，环境治理平台能够精准定位污染源，实施针对性的治理措施。在城市应急管理中，统一的数据平台能够快速整合灾害信息、资源调配信息，实现高效的应急响应与协同处置。

智慧城市的治理模式还体现在治理主体的多元化与协同化。通过数据开放与共享，政府、企业、社会组织和市民能够共同参与城市治理，形成“共治共享”的治理格局。例如，市民通过手机应用实时上报城市问题，政府通过数据分析快速响应并解决问题，企业通过技术创新提供治理工具，社会组织通过社区活动增强市民参与感。这种多元主体协同治理的模式，不仅提升了治理效率，还增强了城市治理的透明度与公信力。

（3）发展绿色经济

智慧城市的建设不仅是技术进步的体现，更是推动绿色经济发展的关键路径。绿色经济的核心在于实现环境保护、能源管理与经济发展的协调统一，而智慧城市的建设为这一目标提供了技术支撑与实现路径。

在环境保护方面，智慧城市通过智能化监测系统实时采集环境数据，为污染治理提供科学依据。例如，空气质量监测网络能够实时监测 PM2.5、二氧化硫等污染物浓度，为精准治污提供数据支持；水质监测系统能够实时监控河流、湖泊的水质变化，为水污染治理提供决策依据。在能源管理方面，智慧城市通过智能电网、能源管理系统等技术手段，优化能源分配与利用效率。例如，智能电网能够实时监测电力需求与供应，通过动态调度实现电力资源的高效利用；建筑能耗管理系统能够实时监控建筑能耗，通过智能化调控降低能源浪费。

智慧城市的绿色经济发展模式还体现在产业转型与升级上。通过推动传统产业的数字化转型，智慧城市能够实现产业的绿色化发展。例如，制造业通过工业互联网技术实现生产过程的智能化管理，降低能源消耗与污染物排放；农业通过精准农业技术实现资源的高效利用，减少化肥与农药的使用。此外，智慧城市还通过发展绿色新兴产业，如新能源汽车、可再生能源等，推动经济结构的绿色转型。

绿色经济的发展不仅是环境保护的需要，更是城市可持续发展的必然选择。智慧城市的建设为绿色经济的发展提供了技术支撑与实践路径，通过智能化手段实现环境保护与经济发展的双赢。

（4）数据开放与融合

数据是智慧城市的基石，数据开放与融合是智慧城市实现高效运行与创新发展的关键特征。传统城市发展模式中，数据分散在不同部门与领域，形成了严重的“数据孤岛”问题，严重制约了城市运行效率与创新活力。智慧城市通过构建政务信息数据资源共享平台，打破部门与领域的数据障碍，实现数据的互联互通。

政务信息数据资源共享平台的建设，不仅提升了政府内部的协同效率，还为社会创新提供了丰富的数据资源。例如，交通部门开放交通流量数据，企业可以基于这些数据开发智能导航应用，为市民提供更便捷的出行服务；教育部门开放教育资源数据，社会机构可以基于这些数据开发个性化学习平台，为学生提供更优质的教育服务。数据开放与融合还能够激发社会创新活力，推动智慧城市生态系统的发展。例如，创业者可以基于开放数据开发各类创新应用，为市民提供更加多样化、个性化的服务。

数据开放与融合还能够提升城市治理的透明度与公信力。通过数据共享，市民能够实时了解城市运行状态，增强对政府工作的信任与支持。同时，数据开放也为市民参与城市治理提供了便利条件，推动城市治理模式从单向管理向多元共治转变。

（5）网络安全保障

随着信息技术的快速发展，网络安全问题日益成为智慧城市发展的关键挑战。近年来，数据泄露、僵尸物联网、芯片 BUG 等信息网络安全事件频发，严重威胁了智慧城市的运行安全与市民的个人信息安全。因此，确保网络安全是智慧城市建设中不可或缺的重要特征。

智慧城市的网络安全保障体系需要从技术、管理和法律三个层面协同推进。在技术层面，通过采用新一代信息技术，如区块链、人工智能、量子加密等，构建安全可靠的网络基础设施。例如，区块链技术能够确保数据的不可篡改性与可追溯性，为数据安全提供技术保障；人工智能技术能够实时监测网络攻击行为，实现智能化的网络安全防护。在管理层面，通过制定完善的网络安全管理制度，明确各部门与主体的网络安全责任，建立常态化的网络安全监测与应急响应机制。在法律层面，通过完善网络安全法律法规，规范网络行为，打击网络犯罪，为网络安全提供法律保障。

网络安全不仅是技术问题，更是社会问题。智慧城市的网络安全保障体系需要全社会共同参与，形成政府主导、企业主体、社会组织和市民共同参与的网络安全治理格局。例如，政府通过政策引导与监管，推动网络安全技术的研发与应用；企业通过技术创新与管理优化，提升网络安全防护能力；社会组织通过宣传教育，增强市民的网络安全意识；市民通过积极参与网络安全防护，共同维护智慧城市的运行安全。

（二）智能城市

1. 数理建模型城市

自 20 世纪中叶起，部分西方学术机构已开始探索运用数学模型解析城市系统运行规律，通过建立包含交通流、人口分布、空间形态及资源分配等多维参数的仿真体系，为城市规划提供前瞻性决策依据。尽管受限于早期计算能力，此类模型在参数校准与动态模拟方面存在显著技术瓶颈，导致预测结果与实际发展轨迹产生系统性偏差，但其开创的“城市计算”范式仍具有里程碑意义。该阶段研究虽未形成成熟的技术体系，但确立了量化分析方法在城市治理中的基础地位。通过构建动态演化模型，研究团队揭示了城市要素间的非线性耦合关系，为后续智能城市框架的构建提供了理论原型。这种将复杂系统理论应用于城市研究的范式转换，本质上推动了城市科学从经验归纳向数据驱动的范式跃迁，其技术路径与认知框架持续影响着当代城市智能化的技术演进方向。

2. 数据可视型城市

自 21 世纪初，全球科技企业率先提出“数据赋能城市”的治理理念，通过构建多维度数据采集网络与可视化分析平台，推动城市基础设施的数字化重构。这种技术路径强调以实时感知数据为纽带，整合城市运行系统的时空信息流，为优化资源配置与提升服务效能提供动态决策依据，契合了后工业化时代城市可持续发展的核心诉求。

该阶段技术实践以物联网传感网络与云计算平台为支撑，通过部署高密度数据采集节点，实现对城市能源消耗、交通流量、环境质量等关键指标的实时监测。依托大数据分析算法，城市管理者得以建立动态响应机制，在应急管理、公共服务供给等领域形成精准化治理能力。此类技术方案不仅在发达国家的城市治理中取得显著成效，更在发展中国家的城市现代化进程中展现出可复制的应用价值。

尽管初期探索存在数据冗余与处理效能不足等问题，但该阶段积累的时空数据治理经验、跨域数据融合方法及可视化分析技术，为后续城市智能体构建奠定了技术基础。这种从数据感知到认知决策的技术演进路径，本质上推动了城市治理从经验判断向数据驱动的范式转型，其技术架构与认知逻辑持续影响着当代智慧城市建设的范式选择。

3. 场景应用型城市

在城市智慧化进程中，诸多城市的“智慧”难以彰显应用价值，关键症结在于智能设备未能实现对所采集数据的自动反馈与处理。城市犹如一个复杂的有机体，若仅有感知能力而缺乏行动响应，其智慧化效能便大打折扣。当前，人工智能技术的蓬勃发展，尤其是机器视觉、多模态传感技术以及基于算法的反馈计算，为这一困境提供了改善契机。以城市交通场景为例，当路边的摄像头不再局限于简单的拍照监控，而是将所记录的车流量等数据回传至系统，系统依据这些数据主动调节红绿灯时长，城市交通效率便得以显著提升。这种基于数据驱动的城市自我调节技术，正推动城市智能从单纯的数据积累向注重实际应用的方向转变。

在现实语境下，众多城市已开始积极探索并实践此类技术应用。例如，在交通领域，借助互联网信号灯项目以及“人工智能＋交通”计划，通过人工智能的感知与计算能力优化交通流量；在机场场景中，依据航班数据监控智能调节停机坪和跑道使用，提升机场运作效率与乘客体验。然而，场景应用型的城市智能方案往往存在局限性，多集中于解决局部、小范围的问题。城市作为一个庞大而复杂的整体，具有大流量和复杂结构的特征，若仅从局部场景入手探讨城市智能，实则是一种短期的应对策略。场景应用型技术难以契合城市发展的长远需求，也难以实现城市智能在宏观层面的自动化，城市智慧化建设仍需不断探索更为全面、系统的解决方案以克服现有局限，实现从局部智能到整体智能的跨越，从而真正提升城市的运行效率与居民生活质量，推动城市的可持续发展。

（三）“城市智能体”是城市真正的智慧所在

“城市智能体”意指通过赋予城市自我学习的能力，使其智能化，从而实现物理世界与数字世界的精确对应，达到相互映射和高效协同交互。这将使得城市的各个要素数字化、城市状态实时可视化、城市管理决策协同化和智能化，进而推动城市管理和服务的智能化升级。

1. “城市”“智能”“体”构成了城市的新定义

“城市智能体”聚焦于城市的核心，即居民、公司、管理者的实际需求与城市环境，利用云计算、大数据、人工智能等信息科技，增强城市环境，打造一个统一的规划、跨域合作的实体世界与数字世界的结合体。

“城市”“智能”“体”融合成城市智能体，这是城市进步的必然趋势，将云计算、大数据、人工智能等科技应用于城市构建和管理，为城市注入新意义是城市智能体的核心思想。

“城市”作为城市的基本要素，涵盖了城市基础设施，城市“居民”的实际需求以及政府、公共安全、环保等城市业务环境。

“智能”代表技术方法，它依据城市活动核心的实际需求，通过信息科技对实体城市进行精确映射，建立统一的数字基础，包括信息基础设施和智能平台。在此基础上，实现城市万物互联和数据整合，并进一步推动人工智能与城市环境的深度融合，以促进城市管理和服务的智能化革新。

“体”是实体世界与数字世界的统一融合，即统一城市实体世界与数字世界的规划，从而实现城市内部跨域合作和跨城市的城市群合作。

智慧城市仅靠智慧大脑是不够的，还需要结合智能边缘平台及广泛分布的端侧感知，共同对实体城市的大数据进行综合分析与反馈。复杂的实体海量信息及行业智慧，通过智能体的精细计算与分析后，再反馈给实体城市，从而实现城市的真正智能化。

2. 全面升级赋予城市自我学习的能力

在智慧城市建设中，赋予城市自我学习的能力是实现城市可持续发展与高效治理的关键路径。通过引入华为云与人工智能技术，城市能够构建多维度的智能体系统，包括交通智能体、政务服务智能体、公共安全智能体、城市生命线智能体、工业制造智能体等。这些智能体通过感知、判断、反应和学习四个核心环节，推动城市运行更加智能、管理更加高效、服务更加便捷，最终实现城市业务的协同与持续进化。

① 感知：城市要知冷暖。感知是智慧城市建设的基础，是城市获取环境信息、社会动态和运行状态的起点。感知能力的构建依赖于多层次、多维度的数据采集与整合。城市感知不仅包括传统的被动数据上报，还涵盖主动感知、数据挖掘等动态机制。主动感知通过部署物联网传感器网络，实时采集城市运行数据，例如交通流量、空气质量、能源消耗等；数据挖掘则通过算法分析历史数据，发现潜在规律与异常模式。感知能力的提升使城市能够全面、精准地了解自身的运行状态，为后续的智能决策提供可靠依据。

② 判断：智能城市要知道判断好坏。判断是城市从感知数据中提取、洞

察、形成决策的核心环节。判断能力的构建依赖于数据分析、预测模拟和评测工具的综合应用。数据分析通过多源数据的整合与清洗，揭示城市运行中的关键问题；预测模拟通过建立动态模型，对未来趋势进行科学预测；评测工具则用于验证预测结果的准确性与决策方案的可行性。通过这些机制，城市能够快速识别问题、评估风险，并制定科学合理的应对策略。判断能力的提升使城市能够在复杂多变的环境中保持决策的前瞻性和精准性。

③ 反应：城市要迅速行动。反应是城市将判断结果转化为实际行动的过程，是实现高效治理的关键环节。反应能力的构建依赖于政府、企业和社会的协同机制。政府决策通过政策制定与资源调配，推动城市治理的规范化与制度化；企业决策通过技术创新与服务优化，提升城市运行的效率与质量；治理决策通过跨部门协作与公众参与，实现城市问题的快速解决。快速反应能力的提升使城市能够在面对突发事件时迅速响应，确保城市运行的稳定与安全。

④ 学习：城市要持续进化。自我学习是智慧城市建设的核心目标，是城市实现持续进化的关键能力。学习能力的构建依赖于模型改善与流程优化的动态机制。模型改善通过机器学习与深度学习算法，不断优化预测模型的准确性和适应性；流程优化通过数据分析与反馈机制，持续改进城市治理的流程与方法。通过经验的不断积累与总结，城市能够实现“感知-判断-反应-学习”的闭环运行，逐步提升治理能力与服务水平，最终迈向智慧城市的高级形态。

从复杂系统的角度看，感知、判断、反应和学习四个环节共同构成了智慧城市的动态运行机制。感知是数据的采集与整合，判断是信息的分析与预测，反应是决策的执行与实施，学习是经验的积累与优化。这四个环节相互作用、循环迭代，使城市能够从被动应对转向主动适应，从单一治理转向协同治理，从静态管理转向动态进化。通过持续的自我学习与优化，城市能够不断提升治理能力与服务水平，最终实现可持续发展的长远目标。

（四）基于智能体建模模拟城市

1. 智慧城市游戏化

1989 年，当《模拟城市》刚刚发布的时候，人们把它当作一个古怪的游戏，因为它没有结局，也没有什么特定目标。不过，凭借其细腻入微的设计、易于上手的操作以及极高的互动性，这款游戏迅速赢得了全球范围内广大玩家的青睐。《模拟城市》的创造者 Will Wright 曾说，他从未想过这款游戏能够如此受欢迎，影响力远超出建筑师和城市规划者的范围。如今，新一代的建筑师和城市规划专家正在把《模拟城市》的理念贯彻到智慧城市设计之中。这种做法被称作是“游戏化”。

2. 大规模城市模拟实验

城市模拟实验的必要性在于解决城市发展中的问题，即如何确保城市规划能满足未来需求，包括城市自身发展、生态空间的供给、智能系统、人口和行业预测等方面。

城市生态系统是一个集社会、经济、自然于一体的高度复杂复合系统，由相互交织的社会子系统、经济子系统和自然子系统共同构成。其结构和功能特征不但与自然因素的影响有关，而且与社会经济发展和人为活动密切相关。

在着手实施使城市更加智慧的各项举措之前，先将城市模型置于虚拟环境中进行测试，这无疑是城市管理者为减少现实干扰而采取的一种明智之举。背后支持这种理念的，是城市模拟公司 Simudyne Technologies。该公司对地震应急规划、医院撤离等城市问题，进行精细的电脑化模拟。这就像电脑游戏《模拟城市》，模拟真实的世界。

二、城市污染

1. 城市环境的物联网监测

智慧城市建设是一项庞大而复杂的工程，由于不同城市信息化发展基础不同、城市发展侧重点不同、城市所处的地理环境不同以及城市文化的不同，智慧城市建设的规划呈现出各具特色的形式。但无论何种特色，在规划中关注城市环境气候的影响是必要的，也是必需的。

般城市监测空气、进行空气采样的空气质量监测站（AQM）一般只会分布在城市中的几个点位。随后，数据汇总形成整个城市的空气质量指数（AQI）。由于监测站数量有限，收集到的数据覆盖面较窄，因此很难全面了解城市各个街区的空气质量情况。然而，智慧城市物联网（IoT）技术和电化学传感器的新系统，却可以改变空气污染的监测方式。大量的更易安装的传感器组成网络，收集和发送大量空气数据。利用这些数据，城市可以绘制高污染区域，跟踪一段时间内的变化，识别污染源，并提出干预措施。

应用物联网监测空气质量，目前已经尝试投入使用的有两大类：使用移动传感器，或将传感器安装在现有基础设施中。

2. 城市污染模型

城市污染模型研究的是捕食者-猎物生态系统的脆弱平衡。在封闭环境中，人口、景观要素与空气污染物共同竞争有限的资源。使用这个模型，人们可以探索种群随着时间的推移的行为，因为它们动态地相互作用：捕食者（污染）和猎物（人）可以在多代之间进行比较，因为它们的种群显示出有规律或不规则的繁殖成功。

种群规模的定期振荡（周期）表明生态系统的平衡和稳定，在生态系统中，尽管有波动，但种群会随着时间保持自己。相反，不规则的振荡表明不稳定导致两个相互依赖的种群的潜在灭绝。该模型建立了一个负反馈回路：捕食者（污染）抑制猎物（人）的密度，猎物（人）刺激捕食者（污染）的密度。

3. 城市污染模型工作原理

发电厂制造污染，污染扩散到环境中。接触空气污染和噪声污染的人群，其健康可能受到不利影响，进而减少他们的生育机会。那些能生育的人将以一定的出生率生下健康的孩子。为了缓解污染问题，人们可以采取行动，本模型中通过植树造林来具体体现这一点。树木的存在有助于抑制污染。

即使没有污染，人们的健康也会随着时间的推移而自然退化，最终会自然死亡。为了让人类群体能够忍受，人类以一定的速度被克隆（参见出生率滑块）。如果控制污染物的水平，使人口和景观因素都不超过环境承载力，就能实现稳定的生态系统。与所有基于智能体的建模一样，规则定义每个种群中每个智能体的行为。

4. 城市污染模型界面

在城市污染模型中，参数化设计通过滑块机制实现了对模型动态行为的精细化调控。初始种群参数定义了模型运行初始阶段的居民数量，其取值范围为0～100，初始值为30，为模型提供了人口基础。出生率参数通过概率机制控制居民的繁殖行为，初始值为0.1，意味着居民在健康值达到4以上时有10%的概率生育后代，该参数与健康值的动态衰减机制相结合，模拟了有限的繁殖周期。种植速率参数通过概率机制控制居民植树行为，初始值为0.05，该参数与树木的生命周期相结合，体现了污染治理的长期性。发电厂数量参数定义了模型初始阶段的污染源数量，初始值为2，该参数与污染率参数协同作用，决定了污染扩散的强度与范围。

模型初始化过程中，通过地块属性设置与发电厂创建函数实现了污染源的初始分布。发电厂创建函数通过随机选择地块并设置其为污染源，为模型提供了初始的污染扩散基础。污染扩散机制通过邻域共享实现空间扩散，发电厂的固定高污染值与扩散系数相结合，形成了以发电厂为中心的污染梯度。地块污染函数通过颜色映射直观展示了污染强度的空间分布，为模型的可视化提供了基础。

在模型运行阶段，居民智能体的行为遵循随机移动、繁殖、植树、健康衰减与死亡的动态逻辑。漫步行为通过随机转向与移动实现了居民的空间分布动态，健康值的持续衰减机制模拟了生命体的自然损耗。繁殖行为基于健康值阈值与概率机制，为模型提供了人口延续的生物学基础。植树行为通过概率机制与树木生命周期相结合，体现了个体行为对环境治理的贡献。遭受污染行为通过污染值与健康值的交互作用，模拟了环境污染对生命体的负面影响。树木智能体通过清除行为实现了局部污染的降低，其固定生命周期与扩散抑制机制共同作用，体现了自然净化过程的局限性与持续性。

该模型通过参数化设计与智能体行为规则的协同作用，有效模拟了城市环境中人口动态、污染扩散与环境治理的复杂交互过程。参数设置与算法设计体现了对现实复杂性的抽象与简化，在保持计算效率的同时保留了关键的动态特征，为城市环境管理与政策评估提供了可量化的实验平台。模型的可视化设计通过污染扩散图与世界状态图，为动态过程的监测与分析提供了直观的工具，进一步增强了其在环境科学与城市规划领域的应用价值。

三、城市蔓延

1. 城市蔓延概念

城市蔓延（urban sprawl）是指城市化地区失控扩展与蔓延的现象，它使原来主要集中在中心区的城市活动扩散到城市外围，城市形态呈现出分散、低密度、区域功能单一和依赖汽车交通的特点。城市蔓延不仅导致生态与人文环境遭受难以逆转的破坏，还降低了公共服务设施的利用效率，加剧了社会阶层的分化现象，进一步促进了城市中心区的衰败，使得城市空间呈现出如“星云状”般的无序扩张形态。

2. 城市蔓延模型

城市蔓延模型通过简化的方式模拟城市增长的动态过程，揭示城市扩张的基本机制及其伴随的复杂问题。模型的核心在于通过基础规则和主体间的交互作用，展示城市空间扩展的内在逻辑，而非追求对现实城市发展的精确再现。其设计优势在于，通过有限的环境变量和简单的主体行为规则，能够有效模拟出城市扩张过程中可能出现的跨越式发展等现象，从而证明复杂的城市发展模式和土地利用格局可以在无须复杂规则的情况下自然涌现。

模型通过抽象化的空间网格和主体行为模拟，将城市发展简化为土地利用状态的动态变化。主体之间的交互作用遵循基本的行为逻辑，例如土地开发的邻近效应、资源利用的优先级以及主体间的竞争机制。这种简化处理使得模型能够聚焦于城市扩张的核心驱动因素，例如人口增长、经济活动的集聚效应以及土地利用政策的影响，而不被复杂的现实细节干扰。

模型的动态机制通过时间序列的迭代运算展现城市增长的渐进过程。每个时间步长内，主体根据既定规则选择土地开发或保留状态，从而形成城市边界的扩展路径。跨越式发展的现象通过主体对边缘区域的优先开发行为得以体现，反映了现实中城市扩张中常见的跳跃式空间布局。此外，模型通过参数调整能够模拟不同政策干预下的城市发展情景，例如限制开发强度、优化土地利用结构或引导紧凑型增长模式。

模型的理论价值在于，它为理解城市扩张的内在机制提供了一个可控的实验平台。通过调整主体行为规则、环境变量及初始条件，研究者能够观察到不同因素对城市形态演变的影响。尽管模型对现实城市的复杂性进行了高度抽象，但其核心机制在定性层面成功复刻了城市增长的基本规律，尤其是在揭示主体间互动如何导致复杂空间格局方面具有重要意义。此外，该模型为城市规划与政策制定提供了理论支持，尤其是在探索如何通过简化规则引导可持续城市发展方面具有重要的参考价值。

3. 城市蔓延模型工作原理

在模型的一开始，建立了吸引力的地形图（较亮的网格正方形更具吸引力，较暗的网格正方形吸引力较小）。所有的开发都是从人口密集的中心（如城市）开始的。

模型中的智能体大致代表居住人口。这个智能体可能处于两种状态之一——“探索者”或“房子”。

在“探索者”状态下，智能体程序对其正前方的网格正方形和当前航向左右指定角度（seeker-search-angle）的网格正方形进行采样。如果它发现右边的地块是最佳选择，它就会随机向右转一个量。如果左边的地块是最好的选择，它将随机地向左移动一定数量。否则它会继续直线运动。这是一种近似模拟的效果，当梯度指向更高的吸引力时，考虑到一个重要随机因素的存在，即每次最多测试三个地块，探索者并不会直接转向这些地块。每走一步（tick），探索者就移动一个方格宽度的一半。

每次 tick，探索者也会决定是否在当前的网格方块上定居（成为“房子”）。在 0 和 patch 的引力值之间选择一个随机数。如果选择的随机数大于地块最大吸引值的一半，那么探索者就会停下来。每次 tick，探索者就会稍微增加当前已经结束的网格方块的吸引力值。根据正反馈原则，假设活动或增长领域变得更具吸引力。

房屋智能体的功能相对简单。它们仅仅停留在所选的正方形位置上，其活动周期（tick 数）由寻找新位置前的等待时间决定。当它们停留在原地时，会逐渐增加所在广场的吸引力。

还有一条规则——土地的吸引力价值不会永远增加。相反，在一块特定的土地上进行过多的活动会降低它的吸引力。因此，当一个网格正方形的吸引力达到最大吸引力的阈值时，它被重置为没有吸引力。诚然，这种吸引力的突然变化并不十分现实，但认为不断被重新占用的土地的吸引力会随着时间而下降的观点并非没有道理。此外，该模型可以扩展到使用更复杂的数学函数来解释这种退化。

4. 城市蔓延模型界面

平滑度参数通过扩散算法调节吸引力景观的空间连续性，其取值范围为 1～20，初始值为 15，较高的平滑度值能够显著降低吸引力值的空间梯度，从而形成渐变式的景观特征。最大吸引力参数定义了吸引力值的上限，其初始值为 15，通过随机分配机制为模型提供了初始的异质性基础。

种群参数控制了模型中智能体的数量，初始值为 200，该参数在模型运行过程中保持恒定，但智能体的状态会根据行为规则发生转换。探索者角度参数决定了智能体在搜索过程中对周围环境的感知范围，初始值为 84°，该参数同时限定了智能体的最大转向角度，从而影响其路径选择的随机性与方向性。探索者耐心参数通过计数机制控制智能体在放弃搜索前的尝试次数，初始值为 60，该参数与定居行为的触发条件密切相关。徘徊参数则定义了智能体在定居后重新进入搜索状态前的停留时间，初始值为 15，该参数对模型的时间动态具有调节作用。

模型初始化过程中，通过随机分配与扩散算法相结合的方式生成初始吸引力景观，地形设置函数利用 repeat 循环实现吸引力值的空间扩散，从而在随机性与平滑性之间取得平衡。智能体初始化函数将探索者集中放置于网格中心，为模型的初始动态提供了均匀的起始条件。

在模型运行阶段，智能体行为遵循状态转换逻辑，探索者与房子两种状态通过定居阈值进行切换。定居行为的触发条件基于随机性与吸引力值的双重判定，当随机数大于阈值或耐心计数归零时，探索者转换为房子状态。转向行为通过比较当前航向与指定角度范围内的吸引力值，实现基于梯度的路径优化，同时保留一定的随机性以模拟现实中的不确定性。房子状态下的智能体通过停留计数实现时间延迟，并通过持续增加所在位置的吸引力值实现正反馈机制，从而增强模型的空间聚集效应。

该模型通过参数化设计与智能体行为规则的协同作用，有效模拟了城市蔓延过程中人口分布与空间利用的动态变化，为城市规划与空间分析提供了可量化的实验平台。模型的参数设置与算法设计体现了对现实复杂性的抽象与简化，在保持计算效率的同时保留了关键的空间与行为特征。

四、气候变化

1. 气候变化问题分析

气候变化模型通过可视化界面模拟地球能量流动机制，尤其是热能传输与平衡过程。界面以玫瑰色呈现地球主体，黑色条带象征行星表面，蓝色区域代表大气层，顶部黑色区域对应外太空环境。云层与二氧化碳分子作为可添加变量，分别模拟大气中气溶胶与温室气体的辐射效应。二氧化碳分子通过吸收与散射作用阻断地球向外辐射的红外能量，而云层则通过反射太阳短波辐射或散射红外长波辐射影响地表能量收支。

黄色箭头向下流动表征太阳辐射通量，部分能量被云层反射至太空，剩余部分抵达地表后再次经历反射或吸收过程。被吸收的太阳辐射转化为热能，以随机分布的红点形式在地球表面显现，红点数量与系统总热能呈正相关。热能通过随机概率机制转化为红外辐射，转化效率与地球温度密切相关——低温条件下红外辐射逸散率较低，高温状态下逸散率显著提升。洋红色箭头向上流动代表红外辐射能量，其传输路径受二氧化碳分子阻隔，部分能量被反射回地球表面，形成温室效应的可视化表达。

地球温度动态变化由热能收支平衡决定。热能输入源于太阳辐射的净吸收量，热能输出则依赖于红外辐射的逸散效率。系统通过能量守恒原理实现动态平衡，总热能与地球温度呈线性相关。尽管该模型对现实地球系统进行了高度简化——忽略了地表温度的空间异质性、反照率的区域性差异以及热容的垂直分层特性——但其核心机制在定性层面成功复刻了地球能量平衡的基本原理。模型通过参数化处理将复杂的大气物理过程转化为可操作的实验平台，为理解温室气体浓度变化、云层覆盖调整及地表反照率波动对全球能量平衡的影响提供了理论框架。尽管存在简化假设，该模型在揭示地球气候系统基本反馈机制方面仍具有重要的教学与研究价值。

2. 气候变化模型界面

气候变化模型界面通过参数化设计，为研究地球与太阳的能量交互机制提供了可视化工具。太阳亮度滑块作为能量输入模块，其数值设定基于恒星辐射通量原理，值域调整范围覆盖了地日距离变化及恒星亮度演化的可能情景。当参数设定为 1.0 时，对应当前太阳常数条件下的地球辐射接收状态。数值递增模拟了地日距离缩短或恒星光度增强的假想情境，此类参数调整有助于探究太阳辐射强度变化对地球气候系统的潜在影响。

反照率滑块聚焦于地球能量反射特性，其物理本质是地表物质对太阳短波辐射的反射效率。数值 1.0 对应完全反射的理想状态，通常出现在地表被冰雪覆盖的极端冰冻情景，此时地表反照率因冰晶微观结构的散射效应显著提升。零值设定则代表理想吸收体，此类状态在自然条件下难以完全实现，但可通过地表植被、土壤及水体的协同作用接近该极限值。地球当前反照率约为 0. 6，这一数值综合了地表覆盖类型、大气气溶胶浓度及云层覆盖程度的多重影响，反映了地球能量平衡系统中反射与吸收过程的动态耦合关系。该参数调节机制为模拟地球表面反照率变化提供了实验平台，有助于深入理解地表反照率波动对全球能量收支及气候反馈过程的作用机制。

第三节　多智能体在智能交通中的应用

伴随着科技时代的飞速发展和信息全球化的趋势，传统的交通方式已经不能适应当今社会发展的需求，交通变革势在必行。智能交通系统的出现既是科技时代的一种体现，也是社会进步的象征。智能交通系统的使用，不仅改善了交通问题，还解决了环境问题，为此，各个发达国家都相继使用智能交通系统，其必将成为 21 世纪交通发展的主流。

一、智能交通系统

智能交通系统是未来交通系统的发展方向，它是将先进的信息技术、数据通信传输技术、电子传感技术、控制技术及计算机技术等有效地集成运用于整个地面交通管理系统而建立的一种在大范围内、全方位发挥作用的，并且实时、准确、高效的综合交通运输管理系统。

（一）智能交通系统的组成

1. 先进的交通信息系统

先进的交通信息系统（ATIS）是建立在完善的信息网络基础上的。交通参与者通过装备在道路上、车上、换乘站上、停车场上以及气象中心的传感器和传输设备，向交通信息中心提供各地的实时交通信息；ATIS 得到这些信息并通过处理后，实时地向交通参与者提供道路交通信息、公共交通信息、换乘信息、交通气象信息、停车场信息以及与出行相关的其他信息；出行者根据这些信息确定自己的出行方式、选择路线。更进一步，当车上装备了自动定位和导航系统时，该系统可以帮助驾驶员自动选择行驶路线。

2. 先进的交通管理系统

先进的交通管理系统（ATMS）有一部分内容与 ATIS 共用信息采集、处理和传输系统，但是 ATMS 主要是给交通管理者使用的，用于检测控制和管理公路交通，在道路、车辆和驾驶员之间提供通信联系。它将对道路系统中的交通状况、交通事故、气象状况和交通环境进行实时的监视，依靠先进的车辆检测技术和计算机信息处理技术，获得有关交通状况的信息，并根据收集到的信息对交通进行控制，如信号灯、发布诱导信息、道路管制、事故处理与救援等。

3. 先进的公共交通系统

先进的公共交通系统（APTS）的主要目的是采用各种智能技术促进公共运输业的发展，使公交系统实现安全便捷、经济、运量大的目标。如通过个人计算机、闭路电视等向公众就出行方式和事件、路线及车次选择等提供咨询，在公交车站通过显示器向候车者提供车辆的实时运行信息。在公交车辆管理中心，可以根据车辆的实时状态合理安排发车、收车等计划，提高工作效率和服务质量。

4. 先进的车辆控制系统

先进的车辆控制系统（AVCS）是智能交通系统（ITS）的核心组成部分，其目的是通过开发和应用一系列先进技术，协助驾驶员更安全、高效地控制车辆，从而提升整体交通系统的性能。AVCS 不仅涵盖对驾驶员的实时警告和辅助功能，还包括障碍物检测与避让、车道保持、自适应巡航控制等自动驾驶技术。这些技术通过车载传感器（如雷达、摄像头、激光雷达）、车辆间通信（V2V）以及车辆与基础设施通信（V2I）实现数据交互，从而为驾驶员提供精准的环境感知和决策支持。例如，在恶劣天气或复杂路况下，AVCS 可以自动调整车速或制动，避免碰撞事故。此外，AVCS 还能与交通管理系统协同工作，优化车辆行驶路径，减少拥堵和能源消耗。随着人工智能和机器学习技术的发展，AVCS 正逐步向完全自动驾驶演进，未来有望彻底改变人类的出行方式。

5. 货运管理系统

货运管理系统（FMS）是一种基于高速道路网络和信息化管理平台的智能化物流解决方案，旨在通过现代物流理论和先进技术手段优化货物运输流程。FMS 的核心技术包括全球卫星定位系统（GPS）、地理信息系统（GIS）、物联网（IoT）和大数据分析技术。通过实时监控车辆位置、货物状态和交通状况，FMS 能够动态规划最优运输路线，减少空载率和运输时间，从而显著提升货运效率。例如，系统可以根据实时路况调整货车路径，避开拥堵路段或事故区域；同时，通过与仓储管理系统（WMS）的联动，实现货物的精准调度和库存优化。此外，FMS 还支持电子化单证处理和自动化结算，降低物流成本并提高透明度。在跨境电商和供应链全球化背景下，FMS 的应用不仅提升了国内物流效率，还为国际货运提供了无缝衔接的解决方案，成为现代物流业不可或缺的技术支撑。

6. 电子收费系统

电子收费系统（ETC）是一种基于无线通信和计算机网络的智能化收费技术，旨在实现车辆无需停车即可自动完成路桥费缴纳。ETC 系统主要由车载单元（OBU）、路边单元（RSU）和后台结算系统三部分组成。当车辆通过 ETC 专用车道时，车载器与收费站天线通过微波专用短程通信（DSRC）技术完成数据交换，系统自动识别车辆信息并扣除相应费用，随后通过银行或第三方支付平台完成资金清分。ETC 不仅大幅提高了收费站通行效率，缓解了交通拥堵，还减少了车辆因怠速停车造成的燃油消耗和尾气排放。目前，ETC 技术已从单一的高速公路收费扩展到城市拥堵收费、停车场管理等领域。例如，新加坡的 ERP 系统和伦敦的拥堵收费系统均采用 ETC 原理。随着 5G 和 V2X 技术的发展，未来 ETC 将实现更高精度的动态收费和车路协同应用，进一步推动智慧交通体系的建设。

7. 紧急救援系统

紧急救援系统（EMS）是一个特殊的系统，它的基础是 ATIS、ATMS 和有关的救援机构和设施，通过 ATIS 和 ATMS 将交通监控中心与职业的救援机构联成有机的整体，为道路使用者提供车辆故障现场紧急处置、拖车、现场救护和排除事故车辆等服务。具体包括以下方面。

① 车主可通过电话、短信、卡车联网三种方式了解车辆具体位置和行驶轨迹等信息。

② 车辆失盗处理。此系统可对被盗车辆进行远程断油、锁电操作并追踪车辆位置。

③ 车辆故障处理。接通救援专线，协助救援机构展开援助工作。

④ 交通意外处理。此系统会在 10s 后自动发出求救信号，通知救援机构进行救援。

（二）智能交通系统的主要应用

智能交通系统的主要应用如下。

1. 道路交通监控

在地面道路交通流量大的交叉路口，人流集中的路段、枢纽、场站等，监控中心可以实时地观察各节点的交通情况。在常态下，减少了交警巡逻出勤的辛劳，降低了管理成本。在异常情况下，可以接警后第一时间调取现场事件图像，为应急处置做充分的准备。总体来说，交通监控的作用体现在降低管理人力成本，提高交通管理服务水平。

2. 交通信号控制

信号灯控制严格意义上来讲早于智能交通系统的出现，如今，除了在某些支路-次路相交、次路-次路相交以及其他流量很小的交叉路口之外，交叉路口信号控制已经越来越成为城市道路交叉点的标准配置。交通信号控制在城市中的作用是规范机动车、行人交通秩序，保障交叉路口的安全。

3. 交通信息采集和诱导

基于电子、计算机、网络和通信等现代技术，根据出行者的起讫点向道路使用者提供最优路径引导指令或是通过获得实时交通信息帮助道路使用者找到一条从出发点到目的地的最优路径。这种系统的特点是将人、车、路综合起来考虑，通过诱导道路使用者的出行行为来改善路面交通系统，防止交通阻塞的发生，减少车辆在道路上的逗留时间，并且最终实现交通流在路网中各个路段上的合理分配。总体上，交通信息采集和诱导作用主要体现在为出行者交通提供参考，辅助交通路径的选择，为管理者积累城市交通数据，为规划、管理提供决策支持。

4. 停车诱导

停车诱导其实应属于交通信息采集和诱导的范畴，只是为了针对停车难的问题进行区分，其目标很明确，就是诱导驾驶员寻找到合理的停车位，提高停车服务水平，同时也能起到避免空驶，降低碳排放的效果。

5. 综合交通信息平台

平台从字面上理解是各方交汇的空间，综合交通信息平台也就是各类交通信息汇聚的空间。所以，各地在建设的综合交通信息平台，应该不同于之前建设的综合交通监控应急指挥系统，也有些城市考虑到管理模式、系统搭建而合二为一的。综合交通信息平台属于城市信息的一个分支，主要汇聚交通类的各种信息，并将汇聚后的信息进行处理、应用。

6. 智能公共交通

智能公共交通即公共交通的智能化，包括公交车 GPS 定位实时掌握公交车辆在途信息，公交优化调度，合理配车，公交站台实时车辆到达信息发布，网络及其他智能终端的公交换乘查询等信息服务。

可以看出，智能公共交通主要为两类群体服务，一是公共交通运营商，通过掌握客流信息，合理地安排发车间隔，最大化利用资源；二是为公共交通出行者服务，使得乘坐公交便捷、舒适。

（三）车联网与基于智能体建模

单个智能汽车由于其具有感知、规划和决策能力，而其本身软硬件平台由多个复杂的模块构成，非常适合使用智能体技术对其进行建模，用于处理类似多传感器数据融合等任务，从而保证系统可靠工作，降低能耗。基于智能体的方法，由于在地理分布上的特性和周期性忙闲操作的特点，非常适合用于交通和运输管理系统。

车与人、车与车、车与道路基础设施等构成的车联网系统，进一步扩大了智能体技术的应用。在通信的情况下，智能车智能体，不再完全依赖于自身的环境感知系统，而是可以在云端智能体的协同控制下与其他智能体系统进行必要信息的共享。基于智能体的智能交通系统使得智能车智能体拥有更多的环境信息，能够更准确地对环境中的不确定性因素进行分析，从而更好地、更安全地运行。

以车联网为通信管理平台可以实现智能交通。例如交通信号灯智能控制、智慧停车、智能停车场管理、交通事故处理、公交车智能调度等方面都可以通过车联网实现。而随着交通的信息化和智能化，其必然有助于智慧城市的构建。

未来的智能交通系统应当全部由智能化、自主化的智能体系统构成。这些智能体运行在交通控制中心、道路交叉口、高速、街道等之间，通过因特网、无线网和自组织网在合适的时间获取准确的信息并且做出最正确的决策，使交通系统最终实现智能化。

二、智能停车管理

随着城市化进程的加速和汽车保有量的持续增长，城市停车难问题日益凸显。传统停车管理模式依赖人工调度或简单的电子化系统，难以应对动态变化的停车需求，导致资源利用效率低下、交通拥堵加剧。近年来，MAS 因其分布式决策、自适应协调和智能优化能力，在智能交通领域展现出广阔的应用前景。在智能停车管理中，多智能体技术能够实现停车资源的动态分配、实时引导和高效利用，从而提升城市交通系统的整体运行效率。

1. 智能停车管理中的智能体

在智能停车管理中，智能体可分为以下几类。

① 停车位智能体。负责监测单个停车位的占用状态，并向系统反馈实时数据。

② 车辆智能体。代表进入停车区域的车辆，根据当前停车位信息和路径规划算法选择最优停车方案。

③ 中央协调智能体。负责全局优化，协调各智能体的行为，确保停车资源的公平分配和系统整体效率最大化。

④ 用户终端智能体。向驾驶员提供实时停车引导信息，如可用车位位置、最优路径及预计停车费用。

这些智能体通过通信协议（如 TCP/IP、MQTT 或专用车联网协议）进行数据交换，形成协同优化的智能停车网络。

2. 多智能体在智能停车管理中的关键技术

① 实时数据采集与信息融合。智能停车管理依赖于高精度的实时数据。

停车位智能体通过地磁传感器、摄像头或超声波检测设备获取车位状态，并结合物联网（IoT）技术将数据传输至中央协调智能体。同时，车辆智能体通过车载GPS或V2X通信获取当前位置和目的地信息。多源数据的融合确保了停车引导的准确性和时效性。

② 分布式决策与动态路径规划。传统集中式停车管理系统易受单点故障影响，且计算复杂度随规模扩大而急剧增加。多智能体系统采用分布式决策机制，车辆智能体可根据局部信息（如邻近停车位的可用性）自主选择停车策略，减少中央计算负担。此外，结合强化学习或博弈论方法，智能体可动态调整路径规划，避免局部拥堵，提高整体停车效率。

③ 智能定价与资源优化。停车需求具有时空不均衡性，高峰时段某些区域可能出现供不应求，而其他区域则利用率较低。中央协调智能体可通过动态定价策略调节停车需求，例如采用拥堵定价或基于市场竞价的分配机制。多智能体系统能够实时分析供需关系，调整停车费率，引导车辆向空闲区域分流，从而优化资源利用。

④ 用户交互与个性化推荐。用户终端智能体通过移动应用程序或车载信息系统向驾驶员提供个性化停车建议。基于历史数据和实时交通状况，系统可预测停车难度并推荐最佳方案，如提前预约车位、选择共享停车或换乘公共交通。良好的用户体验有助于提高系统采纳率，进一步优化整体停车效率。

3. 智能停车管理的应用案例

① 智能城市试点项目。部分智能城市已部署基于多智能体的智能停车系统。在商业区部署智能停车位，通过地磁传感器和云端协同计算，实现车位检测准确率。系统运行后，平均停车时间减少，道路拥堵指数下降，同时停车收入因动态定价策略而提升。

② 共享停车与错峰利用。多智能体系统可整合私人、商业和公共停车资源，实现共享停车。例如，办公区车位在夜间闲置时，可开放给周边居民使用。智能体通过区块链技术确保交易透明和安全，提高资源利用率，减少土地浪费。

③ 应急管理与特殊车辆优先。在紧急情况下（如救护车、消防车通行），中央协调智能体可强制清空特定路线上的停车位，确保应急车辆快速通行。此外，系统可为残疾人、电动汽车等特殊车辆预留车位，提升公共服务水平。

三、出租车智能调度

随着城市化进程加速和人口持续增长，现代交通系统面临着前所未有的压力与挑战。传统出租车运营模式在供需匹配、路线优化和服务效率方面存在显著局限性，难以满足日益增长的出行需求。在智能交通领域，特别是出租车调度方面，多智能体系统展现出强大的适应性与扩展性，能够有效提升系统整体效率和服务质量。

1. 出租车智能调度中的智能体

在技术架构上，典型的出租车智能调度多智能体系统通常包含三类基本智能体：乘客智能体、车辆智能体和调度中心智能体。乘客智能体负责生成出行需求并传递行程信息，包括出发地、目的地、时间约束等关键参数；车辆智能体实时监控出租车状态，包括位置、载客情况、剩余油量/电量等运行数据；调度中心智能体作为协调中枢，则整合全局信息并优化分配策略。这些智能体通过特定的通信协议和交互机制形成有机整体，其中通信语言通常采用符合FIPA标准的ACL，确保信息交换的准确性与一致性。

在决策机制方面，多智能体系统采用混合式架构，结合了集中式调度的全局优化能力和分布式决策的实时响应优势。集中式组件负责宏观层面的供需平衡和战略规划，而分布式组件则处理微观层面的实时调度和路径选择。这种混合架构既避免了完全集中式系统可能出现的单点故障和计算瓶颈，又克服了纯分布式系统协调不足的缺陷。系统通过持续学习和自适应机制不断优化决策模型，能够有效应对交通网络中的不确定性和动态变化。

2. 多智能体在出租车智能调度中的关键技术

基于多智能体的出租车智能调度系统依赖于多项核心技术的协同作用。在需求预测方面，系统整合历史出行数据、实时交通信息和城市活动特征，运用时间序列分析、机器学习算法和空间统计方法，准确预测不同时空维度的出租车需求分布。深度学习模型，如LSTM网络和时空图神经网络被证明在捕捉出行需求的时空依赖性方面表现优异。预测结果转化为概率分布图，为前瞻性车辆调度提供科学依据。

路径规划算法是多智能体系统的另一关键技术组件。现代系统不再局限于传统的Dijkstra或A*算法，而是采用融合实时交通信息的动态规划方法。强化学习技术使车辆智能体能够通过与环境交互不断优化决策策略，平衡路径长度、行驶时间和能耗效率等多重目标。多智能体强化学习框架更进一步，使得车队能够以协作而非竞争的方式共同提升系统性能。在实际应用中，算法还需考虑道路等级、交通信号、临时管制等复杂约束条件，确保规划结果的可行性与最优性。

匹配优化作为调度系统的核心环节，其目标是最小化乘客等待时间、车辆空驶率和整体运营成本。多智能体系统将匹配问题建模为二分图最优匹配或动态任务分配问题，运用改进的匈牙利算法、拍卖算法或其分布式变种进行求解。考虑到问题规模和时间约束，许多系统采用基于规则的启发式方法或元启发式算法（如遗传算法、蚁群算法）来获得近似最优解。先进的系统还引入了博弈论框架，将乘客与司机之间的偏好和激励机制纳入考量，实现更符合实际需求的稳定匹配。

3. 出租车智能调度系统优势与性能提升

基于多智能体的出租车智能调度系统相较于传统调度方式展现出多方面的显著优势。在效率上，系统大幅度减少乘客等待时间，降低出租车空驶率，整体提升车辆利用率。这些改进直接转化为可观的经济效益和环境效益，既增加了司机收入，又减少了不必要的燃油消耗和排放。以某大型城市实施的系统为例，年减排量相当于数千吨二氧化碳，对城市空气质量改善做出了积极贡献。

系统鲁棒性和可扩展性同样值得关注。多智能体架构的分布式特性使其能够优雅地应对部分组件失效或通信中断等异常情况，保持基本服务能力。当交通网络规模扩大或车辆数量增加时，系统通过智能体的自主管理和局部协调维持高效运行，避免性能的急剧下降。这种特性对于现代化大都市不断变化的交通需求尤为重要，使系统能够适应特殊事件、季节波动和城市发展带来的挑战。

从用户体验角度评估，智能调度系统提供了更可靠、更透明的服务。乘客通过移动终端实时掌握车辆位置和预计到达时间，减少不确定性带来的焦虑；智能匹配算法考虑用户历史偏好和特殊需求，提供一定程度的个性化服务。对司机而言，系统优化了接单策略和行驶路线，既降低了工作强度，又提高了收入稳定性。这种双赢局面有助于改善行业生态，提升整体服务质量。

四、垃圾收运

随着城市化进程的加速和人口规模的不断扩大，城市垃圾处理问题日益凸显。传统的垃圾收运系统面临着效率低下、资源分配不均、环境污染等诸多挑战。在这一背景下，MAS 技术为智能交通领域的垃圾收运提供了创新性的解决方案。多智能体系统通过分布式人工智能方法，实现了垃圾收运过程中的自主决策、协同合作和动态优化，显著提升了城市垃圾管理的智能化水平。

1. 垃圾收运中的智能体

在垃圾收运场景中，智能体可以代表各类实体，如垃圾收集车辆、垃圾桶、中转站或调度中心等。这些智能体通过感知环境信息、处理局部数据、制定决策策略，并与其他智能体进行通信与协作，共同完成复杂的垃圾收运任务。

多智能体系统的技术优势主要体现在其分布式特性上。不同于集中式控制系统，MAS 允许各组件在局部信息的基础上做出快速响应，同时通过协调机制保证全局目标的实现。这种架构天然适合垃圾收运这类空间分布广、动态变化强的应用场景。系统中的每个智能体都具备一定的问题求解能力，能够根据实时交通状况、垃圾产生量、车辆位置等信息自主调整行为策略，而无须依赖中央控制器的全程指挥。

通信机制是多智能体系统实现协同运作的基础。在垃圾收运应用中，智能体之间通常采用标准化的通信协议交换信息，如垃圾桶向收集车辆发送满载信号，或车辆之间协商最优路径。这种基于消息传递的交互模式既保证了系统的灵活性，又维持了必要的组织结构。此外，现代 MAS 还引入了机器学习算法，使智能体能够从历史数据中学习优化策略，逐步提高系统整体性能。

2. 智能垃圾收运系统的多智能体架构设计

基于多智能体的智能垃圾收运系统通常采用分层混合架构，结合了反应式与慎思式智能体的优点。在物理层，部署于垃圾桶的传感器智能体负责监测垃圾填充水平、分类准确率和异味指数等参数。这些智能体具有简单的决策逻辑，主要对局部环境变化做出快速反应，如当垃圾量达到阈值时触发收集请求。

移动收集车辆作为系统中的核心智能体，具备更复杂的认知和规划能力。每辆车都是一个自主的决策单元，能够评估任务优先级、计算最优路线、管理能源消耗，并在突发情况下调整原定计划。车辆智能体不仅处理来自垃圾桶的信号，还与交通基础设施交互，获取实时路况信息，避开拥堵路段或施工区域。这种分布式的车辆调度机制显著提高了资源利用率，减少了空驶里程。

在系统高层，区域协调智能体负责宏观层面的资源分配和冲突消解。它们不直接控制单个实体，而是通过制定规则、调整参数和提供全局信息来引导下层智能体的行为。例如，在特殊天气事件或大型公共活动期间，协调智能体可以修改收集优先级或重新分配车辆服务区域，确保系统适应异常情况。这种分层架构既保持了局部响应的敏捷性，又实现了全局优化的可控性。

3. 动态路径规划与资源调度优化

多智能体系统为垃圾收运车辆提供了先进的动态路径规划能力。传统的固定路线收集模式无法适应城市垃圾产生量的时空变化，常导致收集效率低下和运营成本高昂。而基于MAS的方法允许每辆车根据实时需求分布自主规划路径，实现真正的按需服务。车辆智能体采用组合优化算法，在满足操作约束的前提下，最小化行驶距离、时间或能耗等目标函数。

在资源调度方面，多智能体系统实现了收集任务的智能分配。当多个垃圾桶同时发出服务请求时，系统不是简单按照先到先得原则处理，而是综合考虑车辆当前位置、剩余容量、交通状况等因素，将任务分配给最合适的车辆。这种分布式决策过程通过合同网协议等协作机制完成，各车辆智能体基于自身状态投标竞标任务，最终形成整体高效的分配方案。

多智能体系统还具备处理不确定性的强大能力。在城市环境中，交通拥堵、车辆故障或垃圾量突变等意外事件难以避免。MAS的分布式特性使其具有内在的容错性——当某辆收集车遇到延误时，邻近车辆可以动态调整路线临时接管其部分任务，防止服务中断。这种弹性调度机制显著提高了垃圾收运系统的可靠性和鲁棒性。

4. 实时监控与预测性维护

多智能体架构为垃圾收运系统提供全面的实时监控能力。每个智能体都持续生成关于其状态和环境的数据，如车辆位置、垃圾装载量、设备健康状况等。这些数据通过物联网平台汇总分析，为管理人员提供系统运行的全局视图。异常情况，如垃圾桶长期未清空或车辆偏离预定路线，会触发自动警报，便于及时干预。

预测性维护是多智能体系统的另一项重要功能。收集车辆上的智能体通过分析发动机性能、液压系统压力和能耗模式等数据，可以预测潜在的机械故障。这种能力使维护工作从被动应对转向主动预防，显著减少意外停机时间。同样，垃圾桶智能体也能监测自身部件状态，如压缩机制或通信模块的异常，提前申请维护服务。

数据驱动的决策支持是多智能体系统的核心价值。系统长期积累的运行数据可用于训练机器学习模型，预测不同区域和时段的垃圾产生模式。这些预测结果反馈给智能体，使其能够提前调整资源部署，如在高产区域增加收集频次或在节假日加强服务力量。这种前瞻性规划能够进一步优化整个系统的运营效率。

第四节 多智能体在智能社会中的应用

基于Agent的建模与仿真方法被应用到社会科学研究领域，形成了基于Agent的社会学仿真这一新的交叉研究领域。研究的目标是在计算机上创建一个人工社会来观察个体交互涌现的社会现象。利用计算机模拟手段测试和验证社会经济政策的效果，已成为公共政策领域的迫切需求，这些需求催生了“人工社会”等诸多相关领域的研究。将成千上万的AI链接、整合起来，甚至创造出AI自己的文明，才可能为每一个个体AI赋能。

一、人工智能社会

2016年被称为人工智能元年，人类已经进入了人工智能时代。人工智能时代的到来，必然导致社会的变化，从而产生所谓的人工智能社会。

目前，人工智能已经应用到人类生活的各个领域，在经济金融、医疗卫生、教育文化、社会治理等众多领域的应用已全方位展开。像防火、看病、病虫害测报、天气预报、无人机植保和播种等，尤其在计算、检索、记录、下棋、记忆等方面更为突出。当前，人工智能以其强大的能力帮助或代替人类更快、更好地开展生活、学习、工作、娱乐等各种活动，史无前例地提高了人类的行为效率与生活质量。

人工智能是一个崭新的技术前沿，它将带来我们还不能完全理解的经济、政治、社会、文化的变革，会渗透和改变现有的所有行业。在这一过程中，人类的价值观念、思维习惯、行为方式、人际关系、自我认知与意识、情感体验与表达等在潜移默化地发生着多方面的改变。

从社会科学的角度来看，目前尚没有人对人工智能社会给出明确的定义。人们对这个由人工智能的发展而兴起的新型社会也有不同的称谓，如人工智能社会、智能社会、人工社会、机器社会、智慧社会、超人类社会等。人工智能已经为学术界和社会大众广泛接受，由人工智能发展所产生的时代被称为人工智能时代，而由此衍生出的社会也应顺理成章地称为人工智能社会。

人工智能社会是在一定地域中，一定数量的人与具有一定智能水平的非人类智能体（或人造智能机器）相互耦合，按照一定的文化与社会规范行动而共同组成的人机互联群体共同体。可见，人工智能社会是一个以人机耦合关系为基础的新的社会形态。人工智能社会管理以海量社会传感器为基础，以高性能分布式计算终端设备为支撑，以基于 ACP 的社会计算方法为指导，以知识自动化技术为核心，以目标系统的计算模型为驱动，以动态闭环实时反馈为执行机制，通过虚实交互的系统演化和情景涌现，实现对目标系统的“去中心化”计算引导、管理和控制。

（一）智慧城市与智慧社会的区别

智慧城市并非人类开创未来智能时代的目标，“智慧社会”的概念为人们勾勒出更为宏大的远景蓝图。较之于智慧城市，智慧社会凸显了城市中人的核心地位，重视城与城的互联，对智慧农村建设给予了特别关注。

1. 突出人的核心地位

智慧水电、智慧燃气、智慧交通、智慧建筑等，对于当前的智慧城市建设，人们看到、感受到的多的是硬件方面的智能化进步。然而，城市的核心是人，所有的硬件设施最终都要归结于为人服务。智慧社会较之于智慧城市，是一个更有温度的概念，突出人的核心地位。当前，智慧社会的理想已初步照进城市生活的现实，人工智能、大数据、云计算、物联网等新兴技术对于提升城市软实力的贡献越来越大。智慧法院、智慧社区等的陆续出现提高了市政管理水平，城市公民因之获得了更高的社会生活参与度和幸福感。

2. 智慧城市互联

智慧城市建设以一个城市个体为建设对象和评测对象，当一个城市解决了交通拥堵、环境污染等城市问题，实现了公共服务便捷化、城市管理精细化等智慧项目，可以说这个城市实现了智慧城市的建设。而智慧社会则不同，智慧社会是以整个“社会”为评测对象的。智慧城市职能的实现不只在于本身的智慧化改造，也离不开与其他智慧城市的互联。建设智慧社会的另一个重要意义，便是打破智慧城市建设工作单打独斗的局面，推进各城市之间标准的统一化，将城与城用先进技术连接起来，为将来的市际交流、资源共享打下基础。

3. 智慧农村建设

智慧城市是为了解决城镇化快速发展带来的交通拥堵、环境污染等问题。

智慧社会还关注“三农”领域，“智慧”的生产、生活、服务不仅仅是解决城市所需，也将在农业、农村的现代化以及农民对智慧生活迫切需求的过程中发挥重要作用。无人机授粉、机器人采摘、物联网环境监测、VR农村电商等，农村的智慧化改造已经在路上。城市与农村之间的沟通交流也十分密切，无时无刻不在发生，唯有推动二者一起向智能化目标迈进，才能确保城乡之间的未来互动保持稳定通畅。

（二）智慧社会的基础——社会计算

一般而言，社会计算是社会行为和计算系统交叉融合而成的研究领域，研究的是如何利用计算技术研究社会运行的规律与发展趋势，如何利用计算系统帮助人们进行沟通与协作。

所谓利用计算技术研究社会运行的规律与发展趋势，是指以社交网络和社会媒体为研究对象，从中发现社会关系、社会行为的规律，以预测政策实施的可行性。社会学鼻祖奥古斯特·孔德最初定义社会学时，希望社会学能够使用类似物理学的方法，成为经得起科学规则考验的一门学科，互联网背景下的社会计算使这一理念具有了现实可行性。这方面的研究包括人工社会、内容计算、社会网络分析等。

所谓利用计算系统帮助人们进行沟通与协作，是指帮助人们在互联网上建设虚拟社会，对现实社会中人与人的关系进行复制和重构，使人们更紧密地联系在一起，随时随地互相通信，以协作的方式生产知识。这方面的研究包括社会网络服务、群体智慧等。

1. 人工社会

人工社会是一种研究社会科学的新方法。其基本思路为：由于人类社会是由大量的个人构成的复杂系统，因而可以在计算机中建立每个人的个体模型，这样的计算机中的人模型被称为Agent；然后让这些Agent遵循一定的简单规则相互作用；最后通过观察这群Agent整体作用的涌现属性找到人工社会的规律，并用这些规律解释和理解现实人类社会中的宏观现象。

2. 内容计算

社会媒体是分析理解社会的重要素材，如新闻、论坛、博客、微博等。由于它们都以语言文字为主要展示形式，因此从事内容计算研究的学者需要掌握语言分析技术。当前内容计算的热点包括舆情分析、人际关系挖掘、微博应用等。

① 舆情分析。传统上，对舆情的研究主要有两种方法：一是观察思辨，二是问卷调查。前者缺乏数据支持，后者采集的数据量亦有限。互联网技术为舆情分析提供了全新的技术路线，通过对各种社会媒体的跟踪与挖掘，结合传统的舆论分析理论，可以有效地观察社会的状态，并能辅助决策，及时发出预警。

② 基于内容的人际关系挖掘。互联网中蕴含着大量公开的人名实体和人际关系信息。利用文本信息抽取技术可以自动地抽取人名，识别重名，自动计算出人物之间的关系，进而找出关系描述词，形成一个互联网世界的社会关系网。微软亚洲研究院的“人立方”就是一个典型系统。

③ 微博应用。“微博”同时具有“社会网络”和“媒体平台”的属性，它催生了信息生产和传播方式的革命，对社会事件和人们的意识已然产生了很大影响。“微博”明确地定位为平台，它提供开放的 API 接口，积极支持第三方应用的发展，基于“微博”的研究与开发必将成为未来一段时期互联网学术界和产业界的热点。

3. 社会网络分析

社会网络分析依据网络理论看待社会，节点是网络中的独立角色，边是社会关系，社会网络就是由节点和边构成的一张图。这张图往往非常复杂，节点之间的关系类型多种多样。

社会网络分析的典型例子是社区计算。社区是社会信息网络的普遍现象，大规模信息网络中的一些社会化特征在全局层面往往具有稳定的统计规律。如何度量、发现和利用这些规律是大规模社会信息网络分析与处理的一个基础问题。一般而言，社区结构是度量和利用这些特性的基本单元。因此，发现一个网络中有意义的、自然的、相对稳态的社区结构，对网络信息的搜索与挖掘、信息的推荐以及网络演化与扩散的预测具有重要价值。

4. 社交网络服务

社交网络服务（SNS）研究的是利用信息技术构建虚拟空间，以实现社会性的交互和通信。SNS 还有一种解释是社会网络软件，电子邮件、网络论坛等许多传统网络工具都可以视为一种社会软件。

在社交网络服务的网站上，人们以认识朋友的方式，扩展自己的人脉。例如：Facebook、Twitter、LinkedIn、微信、百度贴吧、知乎等网站。

5. 群体智慧

群体智慧的典型应用是“维基百科”和“百度知道”。这些互联网平台系统不仅帮助用户相互沟通、联系，更重要的是将用户组织起来，发挥他们的群体智慧，以协作的方式一起创造、加工和分享知识。

2005年，美国卡耐基梅隆大学的路易斯·冯·安提出“人本计算”的思想，用验证码、游戏等方式调动网民的热情，使众多的人脑自觉或不自觉地参与到计算任务中，轻松地解决了本来非常耗时耗力的问题。这也是群体智慧的体现。

知识获取是一切智能系统的瓶颈，传统的依靠专家编辑知识的方式效率太低，无法满足大规模真实信息处理的需求。在网络社会的大背景下，群体智慧的出现为知识获取提供了一条崭新的充满希望的道路。如何巧妙地设计用户界面以激发用户的参与热情，如何克服人脑计算的不精确性，如何将人脑和电脑最佳地结合起来，都是值得深入研究的问题。

（三）社会计算方法

社会计算方法（ACP）的核心思路为：针对复杂社会系统，构造人工社会系统与实际社会系统虚实交互、协同演化和闭环反馈的平行系统，通过在软件定义的“社会实验室”中对已发生及可能发生的事件进行试验和计算，为真实社会场景的管理与决策提供可靠支持。即人工社会、计算实验、平行执行的有机结合。ACP方法可利用充足的社会信号及信息情报，实现从定性到定量的社会群体智慧转化，从而以计算的手段引导、管理与控制复杂社会系统。其中，从社会数据、信号、情报到社会智慧的转化及量化是智慧社会的核心目标。

基于ACP的社会计算方法以人为中心，充分考虑物理世界、网络世界与社会的融合，以自底向上的人工社会建模方法对基础设施、楼宇、街道、社区、城市逐层建模，同时以真实社会的统计特征为参数进行人口合成、场景搭建以及“社会实验室”的设计；在以软件定义的“社会实验室”中对社会系统中由个体因素引发的群体行为、社会过程以及社会影响等宏观现象进行计算、实验及解析，从而有效并合理地预测社会系统中的“蝴蝶效应”（如单个城市的大规模停电会导致该城市人群恐慌、交通阻塞、经济活动受阻，甚至影响城市的工业及社会生产过程，引起宏观层面的经济震荡，此类影响可蔓延到其他城市，产生严重的经济及社会效应），尽早发现社会系统中潜在的各种问题。同时，通过构造由实际系统和人工系统组成的平行系统，通过虚实系统的互动演化、反馈调节，为社会系统的管理和控制提供决策依据和智慧支持。

（四）基于智能体建模与人工社会

基于智能体建模（ABM）的社会学仿真开辟了一条认识社会、理解社会的新路径。自然科学强调科学实验的方法，然而在社会科学中，实验的方法几乎不可能进行。现在有了基于智能体建模（ABM）方法的社会学仿真，人们可以通过研究现实社会在计算机世界中的"硅替身"，通过方便地修改人工社会所遵循的规则、参数，进行各种各样的社会学实验。因此也可以说，人工社会就是研究各种各样可能的社会。

科技赋予了每个人类个体更强大的能力。个体层面的人工智能存在着能力上的天花板，只有将成千上万的 AI 链接、整合起来，甚至创造出 AI 自己的文明，才可能为每一个个体 AI 赋能。

二、居住隔离

在城市化进程加速的当代社会，居住隔离现象逐渐显现为影响社会和谐与可持续发展的重要议题。居住隔离不仅指空间上的物理分隔，更包含社会经济地位、文化背景、职业特征等多维度的群体分化。将多智能体技术应用于居住隔离研究，能够通过模拟个体决策行为、群体互动机制及环境反馈效应，为理解隔离形成机理、预测发展趋势及制定干预策略提供科学依据。这种方法超越了传统静态分析的局限，能够捕捉居住模式演化中的非线性特征和涌现性质，为城市规划与社会治理提供动态化、精细化的决策支持工具。

1. 居住隔离的形成机制

居住隔离在学术语境中指特定社会群体基于各种因素在居住空间上形成的系统性分离状态。从测量维度看，可分为均匀性、暴露度、集中化、聚类性和中心性五个方面，这些指标共同刻画了隔离的空间分布特征与强度。隔离形成机制复杂多元，既包含收入差异、房价梯度、公共服务配置等经济因素，也涉及文化认同、社会网络、历史路径依赖等非经济因素。传统研究多采用问卷调查和统计建模方法，难以全面捕捉个体微观决策与宏观空间格局的复杂互动。而多智能体建模通过构建异质性主体及其决策规则，能够模拟住房市场中供需匹配的动态过程，再现居住隔离的自组织演化。每个智能体被赋予特定的属性集（如收入水平、文化偏好、社会资本）和行为规则（如住房选择标准、邻里评价函数、迁移决策机制），通过大量主体的局部互动，系统层面会自发涌现出与实际观察相符的隔离模式。这种方法不仅能够验证现有理论假设，还能发现传统方法难以识别的非线性阈值效应和临界转变现象。

2. 居住隔离多智能体模型构建

构建居住隔离的多智能体模型需要严谨的技术框架和系统化的实现路径。模型架构通常包含环境层、主体层和交互规则层三个核心组件。环境层通过GIS空间数据构建城市区域的数字化表达，包括住房单元的空间分布、质量等级、价格梯度以及公共服务设施的可达性。主体层定义各类居民的属性向量和行为规则库，其中关键属性包括社会经济地位、文化特征、迁移意愿等，行为规则则涵盖住房搜索策略、邻里满意度评估函数和迁移决策算法。交互规则层规定主体与环境、主体之间的动态作用机制，如房价随供需关系调整、社区口碑传播、公共服务质量反馈等。模型验证采用“模式导向”策略，通过比较模拟结果与实际数据的空间统计特征（如莫兰指数、基尼系数）来评估模型效度。参数校准过程常结合机器学习技术，优化主体行为规则中的权重系数，使模型输出与历史演变轨迹最大程度吻合。计算实验设计采用控制变量法，系统考察不同政策干预情景下隔离指数的动态响应，为决策提供科学依据。

3. 多智能体模拟揭示的隔离动态规律

基于多智能体模拟的研究揭示了居住隔离演化中的若干重要规律，具体如下。

① 隔离形成呈现明显的路径依赖特征，初始微小的群体分布差异可能通过正反馈效应被放大，导致最终截然不同的空间格局。模拟显示，当群体间偏好差异超过临界阈值时，系统会从混合状态突变为高度隔离状态，这种相变行为解释了为何某些政策干预效果存在显著的非线性特征。

② 住房市场的价格机制在隔离形成中扮演双重角色：一方面，房价梯度自然限制了低收入群体的居住选择范围；另一方面，预期增值效应会促使特定群体聚集，形成所谓的“增值飞地”。

③ 社会网络的信息传播显著影响隔离动态，当住房信息主要通过同质性强的关系网络扩散时，会加速群体的空间分化。值得注意的是，模拟结果挑战了某些传统认知，例如单纯的收入差距缩小未必能有效降低隔离程度，因为文化因素在居住决策中的权重可能随之上升。这些发现为理解隔离的复杂本质提供了新的理论视角。

4. 多智能体技术在居住隔离中的集成与发展

多智能体技术在居住隔离研究中的应用前景广阔，但需要与其他前沿技术深度融合。地理信息系统提供了高精度的空间数据基础，使模型环境更加贴近现实；大数据技术能够从移动轨迹、社交媒体等新型数据源提取居民行为特征，大幅提升主体行为规则的现实性；机器学习算法可以自动优化模型参数，并从中提取关键影响因素的交互模式。未来发展方向包括：开发基于云端协作的分布式模拟平台，支持多机构协同建模；构建标准化模型组件库，提高研究成果的可比性和可复用性；探索虚拟现实技术在政策情景展示中的应用，增强决策参与者的沉浸式体验。伦理考量也日益重要，需建立模型使用的伦理准则，防止技术被用于强化而非缓解社会分化。随着技术的不断成熟，多智能体系统有望成为城市社会治理的常规分析工具，为构建包容、和谐、可持续的智能社会提供持续的技术支持。

三、人工智能农场

人工智能农场作为智能社会的典型应用场景，通过整合自主决策的智能体、物联网（IoT）设备和大数据分析，实现了农业生产的高效化、精准化和可持续化。多智能体系统的分布式协作特性使其在农业自动化、资源优化和生态管理等方面展现出显著优势，为现代农业的智能化转型提供了可行路径。

（一）人工智能农场中的智能体

在人工智能农场中，智能体通常分为以下几类。

① 感知智能体。负责采集农田环境数据，如土壤湿度、光照强度、温度及作物生长状况等。这些智能体依托传感器网络和无人机技术，实现全天候监测，确保数据的实时性和准确性。

② 决策智能体。基于机器学习算法分析感知数据，制定最优的农业操作策略，如灌溉调度、施肥建议和病虫害预警。部分高级决策智能体采用强化学习方法，通过不断与环境交互优化决策模型。

③ 执行智能体。包括自动化农机、智能灌溉系统和机器人采摘设备等，负责执行决策智能体下达的指令，确保农业操作的精准实施。

④ 协调智能体。作为系统的中枢，负责不同智能体之间的任务分配与冲突消解，确保多智能体协同工作的高效性。

这些智能体通过通信协议（如 MQTT、CoAP 等）实现数据共享与协作，形成一个高度自治且动态适应的农业管理系统。

（二）多智能体系统在农业中的具体应用

MAS 在农业领域的应用正逐步改变传统农业生产模式，使其向智能化、精准化和可持续化方向发展。通过分布式智能体的协同工作，人工智能农场能够实现环境监测、资源优化、自动化作业和智能决策，从而提高生产效率、降低资源浪费并减少环境影响。以下从多个维度详细探讨多智能体系统在现代农业中的具体应用。

1. 精准农业管理

精准农业的核心在于根据农田的微观差异实施定制化管理，而多智能体系统是实现这一目标的关键技术。

（1）智能土壤与作物监测

土壤墒情、养分含量和作物生长状况的实时监测是精准农业的基础。在人工智能农场中，部署于田间的土壤传感器智能体持续采集土壤温湿度、pH 值及氮、磷、钾（NPK）含量等数据，并通过无线网络传输至中央决策系统。同时，无人机智能体搭载多光谱相机定期巡航，获取作物冠层的光谱反射率，结合机器学习模型评估叶绿素含量、水分胁迫程度和潜在病害风险。

例如，当某块区域的土壤氮素含量低于阈值时，决策智能体会结合作物生长阶段和未来天气预测，生成精准施肥方案。执行智能体（如智能施肥机）则依据该方案调整施肥量，避免过度施肥导致的土壤板结和地下水污染。

（2）变量灌溉与水资源优化

全球农业消耗约 70％的淡水资源，而传统漫灌方式效率低下。多智能体系统通过智能灌溉智能体实现按需供水，大幅提升水资源利用率。

① 土壤湿度智能体实时监测不同地块的墒情数据。

② 气象预测智能体结合卫星数据和本地气象站信息，预判未来降雨概率。

③ 决策智能体综合分析后，动态调整滴灌或喷灌系统的运行策略，确保作物在最佳水分条件下生长。

（3）智能温室环境调控

在设施农业中，温室环境的精准调控直接影响作物品质和产量。多智能体系统通过以下方式优化温室管理。

① 环境监测智能体。实时采集温室内温度、湿度、CO_2 浓度和光照强度。

② 气候调控智能体。自动调节通风窗、遮阳网、补光灯和加湿设备，维持最适生长环境。

③ 作物生长模型智能体。基于历史数据预测番茄、黄瓜等作物的生长曲线，动态调整环境参数以缩短生长周期。

2. 病虫害智能监测与防控

病虫害是影响农业稳产的重要因素，传统依赖化学农药的防治方式不仅成本高，还可能引发抗药性和环境污染。多智能体系统通过智能监测、早期预警和精准施药，实现绿色防控。

（1）基于计算机视觉的病虫害识别

① 无人机巡检智能体。搭载高分辨率摄像头和红外传感器，定期扫描农田，捕捉叶片病斑、虫害痕迹等异常特征。

② 图像分析智能体。采用深度学习模型（如卷积神经网络 CNN）识别病害类型（如稻瘟病、小麦锈病）和虫害种类（如蚜虫、棉铃虫）。

③ 预警决策智能体。评估病虫害扩散风险，并向农户或自动化设备发送防治建议。

（2）精准施药与生物防治

传统农药喷洒存在过度使用问题，而多智能体系统可实现按需施药。

① 智能施药机器人。根据病虫害分布图，仅对感染区域进行定向喷雾，减少农药浪费。

② 天敌投放智能体。在监测到特定虫害（如蚜虫）时，自动释放瓢虫等天敌昆虫，实现生物防治。

（3）病害预测与预防性管理

部分病害（如葡萄霜霉病）的发生与温湿度密切相关。多智能体系统结合历史数据和实时环境监测，构建病害预测模型，提前采取预防措施（如调整灌溉策略或喷洒生物制剂），避免大规模暴发。

3. 自动化采收与分拣

农业劳动力短缺是全球性问题，而多智能体系统通过机器人技术实现采收、分拣和包装的全程自动化。

（1）智能采摘机器人

① 视觉识别智能体。利用 3D 摄像头和 RGB-D 传感器定位成熟果实（如苹果、草莓）。

② 运动规划智能体。计算最优采摘路径，避免损伤植株。

③ 机械臂执行智能体。采用柔性夹爪或真空吸盘完成采摘，确保果实完好。

（2）自动化分拣与品质监测

① 分拣线智能体。基于重量、颜色和形状对果蔬进行初筛。

② AI 质检智能体。利用近红外光谱检测糖度、酸度和内部缺陷，实现精准分级。

③ 包装优化智能体。自动匹配不同规格的包装箱，减少运输损耗。

4. 资源优化与可持续发展

农业生产的资源（水、肥、能源）管理直接影响经济性和生态可持续性，多智能体系统通过优化算法实现高效利用。

（1）智能施肥与养分循环

① 土壤养分智能体。实时监测 NPK 含量，避免过量施肥。

② 有机肥发酵智能体。调控堆肥温湿度，加速有机废弃物转化，实现农场内循环。

（2）能源管理与低碳农业

① 光伏发电智能体。优化太阳能板角度，最大化能源采集。

② 储能调度智能体。在电价低谷时充电，降低生产成本。

（3）碳足迹评估与生态补偿

部分先进农场引入碳核算智能体，计算农业生产过程中的碳排放，并通过植树或碳交易实现碳中和。

多智能体系统在农业中的应用仍面临异构设备兼容性、复杂环境适应性等挑战，但随着 5G、边缘计算和数字孪生技术的发展，人工智能农场将迈向更高水平的自主化。未来，小型农户也可通过低成本模块接入智能农业网络，推动全球农业的普惠性升级。

总体而言，多智能体系统不仅提升了农业生产效率，更在资源节约、生态保护方面贡献显著，为智慧农业的可持续发展提供了坚实的技术支撑。

参考文献

[1] 曾仪, 周毅, 陆继翔, 等. 基于多智能体安全深度强化学习的电压控制[J]. 中国电力, 2025, 58(02): 111-117.
[2] 董之南, 张勤学, 胡进, 等. 面向大模型多智能体系统的多维评估方法[J]. 指挥控制与仿真, 2025, 47(02): 121-131.
[3] 郭靠, 刘玮, 王宏为, 等. 时空约束下资源受限的多智能体柔性重叠组织建模[J]. 计算机应用研究, 2025, 42(02): 539-544.
[4] 华玉龙, 孙伟, 迟宝山, 等. 非奇异快速终端滑模控制[J]. 系统工程与电子技术, 2017, 39(05): 1119-1125.
[5] 黄施洋, 奚雪峰, 崔志明. 大模型时代下的汉语自然语言处理研究与探索[J]. 计算机工程与应用, 2025, 61(1): 80-97.
[6] 贾子琦, 王健宗, 张旭龙, 等. 基于大模型的具身智能任务规划研究: 从单智能体到多智能体[J]. 大数据, 2025, 11(02): 73-90.
[7] 李莉. 基于多智能体技术的景观规划模型建构[J]. 智能建筑与智慧城市, 2025, (03): 84-86.
[8] 李艳. 人工智能[M]. 成都: 四川科学技术出版社, 2019.
[9] 李杨, 徐峰, 谢光强, 等. 多智能体技术发展及其应用综述[J]. 计算机工程与应用, 2018, 54(9): 13-21.
[10] 李艺春, 刘泽娇, 洪艺大, 等. 基于多智能体强化学习的博弈综述[J]. 自动化学报, 2025, 51(03): 540-558.
[11] 李永龙, 秦少明. 基于人工智能技术的智能电网调度技术探讨[J]. 内蒙古煤炭经济, 2020, (05): 186.
[12] 李振伟, 苏涛, 张丽丽. 人工智能技术在智能电网中的应用分析和展望[J]. 通信电源技术, 2020, 37(05): 152-153.
[13] 李志强. 机器学习算法在自然语言处理中的优化与应用[J]. 工程管理, 2024, 5(7): 206-208.
[14] 林文锋, 周立栋, 彭友斌, 等, 广东移动全面升级故障管理架构探索多智能体协同解决方案[J]. 通信世界, 2025, (02): 28-29.
[15] 刘丽. 人工智能原理及应用[M]. 北京: 北京邮电大学出版社, 2023.
[16] 卢延荣, 李丽, 张晓萌, 等. 多智能体系统的协调预见跟踪控制[M]. 北京: 北京邮电大学出版社, 2023.
[17] 罗彪, 胡天萌, 周育豪, 等. 多智能体强化学习控制与决策研究综述[J]. 自动化学报, 2025, 51(03): 510-539.
[18] 米广铭, 张辉, 张菁, 等. 近端策略优化的城市环境多智能体协作对抗方法[J]. 通信学报, 2025, 46(03): 94-108.
[19] 潘虹妙. 基于多智能体深度强化学习的主动配电网集群电压调控研究[J]. 电力大数据, 2025, 28(01): 77-86.
[20] 秦家虎, 马麒超, 李曼, 等. 多智能体协同研究进展综述: 博弈和控制交叉视角[J]. 自动化学报, 2025, 51(03): 489-509.
[21] 邱火旺. 基于多智能体系统的分布式仪表集群协同控制机制分析[J]. 集成电路应用, 2024, 41(06): 429.
[22] 任林. 多智能体协同控制系统的设计与应用[D]. 郑州: 河南大学, 2017: 11-23.

[23] 申畯, 冯园园, 张洁雪, 等. 知识搜索中的知识库建设问题研究[J]. 情报杂志, 2015, 34(10): 129-133.
[24] 史忠植. 人工智能[M]. 北京: 机械工业出版社, 2024.
[25] 宋文彬. 大数据与人工智能在计算机网络系统中的应用[J]. 电子技术, 2025, 54(01): 260-261.
[26] 孙丽敏, 孙驰. 智能电网中的智能技术应用[J]. 电子技术, 2025, 54(02): 266-267.
[27] 王良玉, 张明林, 祝洪涛, 等. 人工神经网络及其在地学中的应用综述[J]. 世界核地质科学, 2021, 38(1): 15-26.
[28] 王勇超, 罗胜文, 杨英宝, 等. 知识图谱可视化综述[J]. 计算机辅助设计与图形学学报, 2019, 31(10): 1666-1676.
[29] 王俞涵, 陈子阳, 赵翔, 等. 时序知识图谱表示与推理的研究进展与趋势[J]. 软件学报, 2024, 35(8): 3923-3951.
[30] 谢文君, 葛立青, 吴越, 等. 基于多智能体的远程智能巡视系统优化设计[J]. 电气应用, 2025, 44(01): 63-69.
[31] 徐增林, 盛泳潘, 贺丽荣, 等. 知识图谱技术综述[J]. 电子科技大学学报, 2016, 45(4): 589-606.
[32] 杨黔生. 基于多智能体进化和强化学习的机器人运动控制方法研究[D]. 西安: 西安电子科技大学, 2020: 23-37.
[33] 尹昕, 曹丽鹏, 王玉森. 基于多智能体深度强化学习的配电网电压分区协同控制[J]. 电工电气, 2025, (02): 63-71.
[34] 于济凡, 李睿森, 李曼丽, 等. 多智能体协同交互的高临场感在线学习环境构建[J]. 现代教育技术, 2024, 34(12): 17-26.
[35] 袁雷, 张子谦, 李立和, 等. 开放环境下的协作多智能体强化学习进展[J]. 中国科学: 信息科学, 2025, 55(02): 217-268.
[36] 张传清, 陈恳, 赵正大, 等. 操作机器人控制的多智能体方法研究综述[J]. 机械设计与制造, 2011, (10): 142-143.
[37] 张宪霞, 唐胜杰, 俞寅生. 基于模糊神经网络在线自学习的多智能体一致性控制[J]. 自动化学报, 2025, 51(03): 590-603.
[38] 赵丞. 基于强化学习的多智能体路径规划方法[D]. 合肥: 中国科学技术大学, 2023: 10-21.
[39] 赵春晓, 魏楚元. 多智能体技术及应用[M]. 北京: 机械工业出版社, 2021.
[40] 赵欣然, 陈美娟, 袁志伟, 等. 基于多智能体强化学习的可移动基站智能规划与优化[J]. 电信科学, 2025, 41(02): 68-83.
[41] 钟伟才. 多智能体进化模型和算法研究[D]. 西安: 西安电子科技大学, 2004: 65-95.